AF314970

ENCYCLOPÉDIE

POPULAIRE,

OU

LES SCIENCES, LES ARTS

ET LES MÉTIERS

MIS A LA PORTÉE DE TOUTES LES CLASSES ;

SUITE DE TRAITÉS,

Publiés à Londres

SOUS LES AUSPICES DE LA SOCIÉTÉ POUR LA PROPA-
GATION DES CONNAISSANCES UTILES,

TRADUITS DE L'ANGLAIS,

Et formant une Collection complétée par
des ouvrages français.

> La connaisssance des principes scientifi-
> ques rend l'homme plus habile, plus
> adroit, plus sûr des moyens de gagner
> sa vie, et lui procure des jouissances
> dont l'ignorant ne peut même se faire
> une idée.

PARIS,

IMPRIMERIE DE A. HENRY,

RUE GÎT-LE-COEUR, N° 8.

A

M. le baron Charles Dupin,

Membre de l'Académie des sciences, officier supérieur
du Génie maritime, etc., etc., etc.

MONSIEUR LE BARON,

C'est à vous que je dois l'idée de l'entreprise dont j'offre aujourd'hui l'essai au public : plusieurs fois, soit dans vos ouvrages, soit dans votre

excellent Cours de géométrie et de
mécanique appliquées aux arts,
vous avez exprimé le vœu que la
France imitât l'Angleterre, dans la
publication de petits Traités à la
portée de toutes les classes, et d'un
prix assez modique pour ne pas laisser de prétexte à l'ignorance. J'ai
lieu de croire que cette pensée, si patriotique, a, comme tant d'autres,
été mieux comprise de l'autre côté
du détroit qu'en France même, et
qu'elle a pu donner lieu à l'établisse-
ment de la Société pour la propagation des connaissances utiles, qui
s'est formée à Londres au commencement de cette année. En vous dé-
diant la traduction des Traités que
cette société public, je ne fais donc

que remplir un devoir d'autant plus impérieux , que les encouragemens et la flatteuse approbation dont vous avez daigné m'honorer en ont fait la dette de la reconnaissance.

J'ai l'honneur d'être ,

Monsieur le Baron ,

Avec les sentimens du plus profond res-pect et du plus entier dévoûment ,

Votre très-humble et très-obéissant serviteur ,

Boquillon.

AVERTISSEMENT DU TRADUCTEUR.

Au commencement de 1827, il s'établit, en Angleterre, une société dont le but, à la fois patriotique et philantropique, est de répandre, dans les classes peu aisées, le goût des sciences utiles, et les moyens de les acquérir. Des traités spéciaux sur chaque branche des connaissances humaines, rédigés avec clarté et méthode, dépouillés de tout ce que les élémens des sciences ont d'aride et de fastidieux, sont publiés tous les quinze jours par cette société qui compte, dans son sein, les savans les plus recommandables de la Grande-Bretagne, et un grand nombre de membres des deux chambres du parlement.

Jaloux de faire participer mon pays aux bienfaits de cette institution, j'ai essayé la traduction des divers traités qu'elle publie, persuadé que rien ne contribue plus au bonheur individuel et à la prospérité publique que la propagation des connaissances et des vérités utiles.

En entreprenant ce travail, je ne me suis dissimulé ni ma faiblesse, ni l'obscurité de mon nom ; mais j'ai cru pouvoir compter sur quelque indulgence en faveur du but que je me suis proposé. Puisse l'insuffisance de mes efforts ne pas tromper mon espérance !

DISCOURS

SUR LE BUT, LES AVANTAGES ET LES PLAISIRS
DE LA SCIENCE ;

Servant d'introduction

A L'ENCYCLOPÉDIE POPULAIRE ;

PAR M. BROUGHAM,

MEMBRE DE LA CHAMBRE DES COMMUNES ET DE LA SOCIÉTÉ
ROYALE DE LONDRES,

Pour bien comprendre les avantages et les plaisirs qu'on peut retirer d'une science, il serait nécessaire de l'avoir étudiée, et il deviendrait impossible de se rendre complétement raison des immenses résultats qu'on peut obtenir de l'étude des sciences en général, si l'on ne s'était pas, préalablement, familiarisé avec leurs théories.

I

Cependant, nous croyons pouvoir donner une idée suffisante de leur importance en expliquant la nature et le but de chacune d'elles ; et, si nous démontrons combien on peut retirer d'avantages de quelques-unes de ses parties, il ne sera pas difficile de prouver à quel point la science, prise dans son ensemble, peut devenir utile à toutes les classes de la société.

En effet, il est reconnu que tous les hommes éprouvent un certain plaisir à apprendre. Lorsque nous voyons quelque chose pour la première fois, nous ressentons une certaine satisfaction, produite par la nouveauté ; notre attention est excitée, et nous désirons connaître tout ce qui peut se rattacher à cet objet. Si c'est un produit de l'art, ou un instrument, ou une machine quelconque, nous voulons savoir comment il est fait, comment il opère, et quel est son usage ; si c'est un animal, nous sommes curieux d'apprendre quel climat la vu naître, comment il vit, quelles sont ses mœurs, sa nature et ses habitudes. Ce désir est même indépendant de tout intérêt particulier : car nous ignorons d'abord si la machine, l'animal ou l'instrument peuvent nous être de quelque utilité, si même nous aurons occasion de les voir une autre fois; mais nous ressentons le besoin de les connaître parce qu'ils sont nouveaux pour nous ; en conséquence, nous nous informons, et nous éprouvons une satisfaction d'autant plus grande que les réponses que nous obtenons sont plus détaillées, et nous rendent un compte plus exact de l'objet de notre curiosité.

Si, plus tard, nous rencontrons le même objet, nous nous rappelons avec plaisir que nous l'avons déjà vu, et que nous avons quelque connaissance de ses propriétés. Si nous avons occasion de voir un autre instrument, ou un autre animal qui ait quelques rapports avec le premier, nous prenons plaisir à les comparer, à juger en quoi ils diffèrent, et en quoi ils se ressemblent. Ces jouissances sont, comme on le voit, très-désintéressées de leur nature, et cependant ce sont des jouissances ; nous n'en sommes pas plus riches, après les avoir éprouvées ; avec elles, nous ne pouvons satisfaire aucuns de nos besoins physiques ; et, pourtant, pour nous les procurer, nous consentons à faire quelque dépense, nous allons même jusqu'à nous imposer des privations. Les jouissances qu'offre la science sont exactement de la même espèce : car ce que nous venons d'exposer n'est autre chose que de la science, dont l'étude est rendue plus facile par la méthode, par l'enchaînement des faits, et des conséquences qui en découlent.

La pratique des sciences n'est pas moins importante que leurs théories qui, cependant, comme nous l'avons vu, peuvent nous procurer d'innombrables plaisirs. Nous ne nous appesantirons pas sur ce point qui nous paraît incontestable, et nous nous bornerons à ajouter que l'étude des sciences élève l'esprit, adoucit les mœurs, donne à l'homme des moyens sûrs de dompter ses passions et de trouver la félicité dans toutes les situations de la vie.

A la vérité, les premiers élémens des sciences offrent quelque chose de rebutant, parce qu'ils exigent, pour être compris, certains efforts d'esprit, quoique les matières les plus ordinaires n'en demandent pas moins. C'est pour cette raison que les branches les plus importantes des sciences, celles dont l'application est la plus générale, sont le moins cultivées : outre qu'elles offrent moins de jouissances du genre de celles que nous avons citées plus haut, elles se contentent de faire un appel à notre raison, et ne parlent ni à notre imagination ni à nos sens. Toutefois, le plaisir d'apprendre les vérités que la philosophie dévoile à nos yeux, nous paraît une compensation plus que suffisante des premières difficultés.

Prêtons une attention soutenue à l'explication des principes, à leur application pratique, et bientôt nous concevrons toute leur importance; nous ferons tous nos efforts pour les comprendre et les retenir; nous reconnaîtrons que nous avons déjà acquis quelque chose d'utile, lorsque nous n'avions d'abord eu d'autre but que de satisfaire notre curiosité; nous serons capables d'examiner jusqu'à quel point la science mérite les peines qu'elle donne à acquérir; nous pourrons juger si elle nous plaît ou non, et si nous devons continuer à l'étudier; nous serons en état de marcher sans guide, et d'augmenter nos connaissances sans le secours d'autrui; enfin nous serons étonnés du chemin que nous aurons fait en si peu de tems, et de la somme de connaissances que nous aurons acquise.

Les sciences peuvent se diviser en trois grandes classes, savoir : celles qui s'occupent des *nombres* et des *quantités* ; celles qui traitent de la *matière*, et celles qui embrassent les propriétés de l'*intelligence* ou de l'*esprit*. Les sciences de la première prennent le nom de *mathématiques*, et traitent des propriétés des nombres et des figures ; celles qui appartiennent à la seconde sont désignées sous le nom de *physique* ou de *philosophie naturelle*, et ont pour objet les corps divers qui peuvent tomber sous nos sens : enfin celles de la troisième classe appartiennent à la *philosophie morale* et *intellectuelle*, et nous font connaître la nature de l'*intelligence*, ou, en d'autres termes, la nature morale de l'homme, soit comme individu isolé, soit comme membre de la société. Enfin, vient l'*histoire*, qui n'est pas une science, mais qui enregistre les faits de toute espèce qui se rattachent aux sciences.

§ Ier.

SCIENCES MATHÉMATIQUES.

Les deux grandes divisions des mathématiques sont l'*arithmétique*, ou la science des nombres, et la *géométrie*, ou la science des lignes. Le nom de la première est tiré d'un mot grec qui signifie *nombre*, et celui de la seconde, de deux autres mots grecs qui signifient *mesure de la terre;* l'arpentage ayant été le premier but de cette science.

Lorsque je dis : 2 et 2 font 4, j'établis une proposition arithmétique, très-simple à la vérité, mais liée à d'autres propositions d'une espèce plus compliquée et par conséquent plus difficile.

En voici une autre un peu moins simple, mais cependant très-facile : 5 multiplié par 10 et divisé par 2, est égal à, ou produit le même nombre que 100 divisé par 4, car les deux résultats sont égaux à 25. Ainsi, trouver combien il y a de centimes dans mille francs, ou de minutes dans l'année, sont des questions d'arithmétique que nous apprendrons à résoudre par l'étude successive des principes de cette science, ou, comme on les nomme communément, des *règles* d'*addition*, de *soustraction*, de *multiplication* et de *division*.

On peut dire que l'arithmétique est la plus simple en même tems que la plus utile de toutes les sciences; elle ne nous apprend néanmoins que les propriétés de quelques nombres particuliers et connus, et nous met à même de les additionner, de les soustraire, de les multiplier et de les diviser. Mais, supposons que nous désirions additionner, soustraire, multiplier ou diviser des nombres que nous ne connaissons pas encore, et opérer enfin avec eux comme s'ils nous étaient connus, pour arriver à certains résultats, tels que, par exemple, de découvrir ces mêmes nombres, ou bien que nous voulions examiner les diverses propriétés qui appartiennent aux nombres en général; nous aurons alors recours à une espèce particulière d'arithmétique, nommée *algèbre* ou *arithmétique universelle.*

L'arithmétique ordinaire renferme donc, comme nous pouvons le voir maintenant, le germe de cette science importante. Supposons donc que nous voulions connaître le nombre qui, multiplié par 5, donne 10; nous le trouverons si nous divisons 10 par 5; le produit sera 2; mais, supposons qu'avant de trouver ce nombre 2, et avant de savoir ce qu'il est, nous ayons besoin de l'ajouter, dans un but quelconque, à un nombre, nous ne pouvons le faire qu'en mettant quelque signe, une lettre de l'alphabet, par exemple, à la place de ce nombre inconnu, et en opérant sur cette lettre comme si elle était un nombre connu. Par exemple, nous voulons trouver deux nombres qui, additionnés ensemble, donnent 9, et qui, multipliés l'un par l'autre, donnent 20. Plusieurs nombres peuvent remplir la première condition, c'est à-dire, produire 9, tels que 1 et 8, 2 et 7, 3 et 6, etc., etc. Nous pouvons aussi rechercher d'abord ceux qui remplissent la seconde condition, et qui, multipliés l'un par l'autre, donnent 20. Mais, en algèbre, nous devons supposer les deux nombres connus, les remplacer par deux lettres ; et, opérant sur elles, d'après les conditions posées dans la question, nous trouverons les deux nombres qui remplissent ces mêmes conditions. L'algèbre nous apprend les règles de ces diverses opérations et les moyens d'arriver à des résultats certains, en travaillant sur des données incertaines. C'est par elle que nous pouvons trouver des nombres inconnus, ou dont nous ne connaissons que certains rapports existant entre eux ou avec des nombres connus.

L'exemple cité plus haut n'a pas rigoureusement besoin de cette méthode, parce qu'en y réfléchissant un peu, et en essayant l'application des deux conditions à quelques nombres, on trouvera facilement que ceux cherchés sont 5 et 4; mais cette manière tâtonnante n'est pas applicable à tous les cas, ne pourrait jamais résoudre une question un peu difficile, et donnerait au moins lieu à une multitude d'opérations fastidieuses et inutiles pour arriver à un résultat que l'algèbre obtient facilement et sûrement. Autre exemple : un smuggler (vaisseau contrebandier) faisant 4 lieues à l'heure, a 9 lieues d'avance sur un cutter de la douane qui fait 5 lieues à l'heure et qui lui donne la chasse; nous désirons savoir dans combien de tems le smuggler sera pris, et combien il aura pu faire de lieues avant d'être atteint. Si nous procédons par essais et par tâtonnemens, nous mettrons autant de tems à résoudre cette question que la chasse du cutter pourra durer, tandis qu'une des plus simples opérations de l'algèbre nous apprendra que cette chasse sera de 9 heures, et que le smuggler aura fait 36 lieues. Remarquons aussi que des questions un peu plus difficiles que celle-ci ne pourraient jamais être résolues par le tâtonnement, tandis qu'il n'en existe aucune, quelque ardue qu'elle paraisse, que l'algèbre ne résolve facilement. Par l'arithmétique nous pouvons de même nous instruire des propriétés de nombres particuliers. Par exemple, elle nous fera connaître que le nombre 348 est exactement divisible par 3; mais l'algèbre nous apprendra que ce nombre partage cette propriété avec une grande quantité d'autres dans lesquels nous la reconnaîtrons immédiatement. Elle nous dira que tout nombre est divisible par trois lorsque la somme de ses signes additionnés est divisible par trois; ainsi, dans le nombre 348, en additionnant ensemble les signes 3, 4 et 8, nous aurons 15 qui est divisible par 3, et, si nous divisons ce même nombre 348 par 3, nous aurons pour quotient 116, sans reste. On conçoit que le simple énoncé des préceptes ne suffirait pas pour en garantir la certitude; aussi l'algèbre ne se borne-t-elle pas à nous faire découvrir les propriétés générales des nombres, elle nous rend capables d'en tirer les preuves dans toutes leurs généralités.

Au moyen de cette science et de ses diverses applications, on peut faire les calculs les plus extraordinaires. Nous citerons, pour exemple, la méthode des logarithmes : prenons une série de nombres, dont les différences soient égales entre elles, c'est-à-dire, que le second

diffère du premier autant que le troisième du second, etc., par exemple, 1,
2, 3, 4, 5, 6, 7, etc., dont la différence
commune est 1. Ensuite prenons une autre série de nombres disposés de manière
que chacun d'eux soit le double ou le
triple ou le quadruple, etc., du nombre
qui le précède, telle que 2, 4, 8, 16,
32, 64, 128; écrivons cette seconde série sous la première, de sorte que chacun
des nombres d'une série ait un nombre
opposé dans l'autre, comme ci-dessous :

$$1, \quad 2, \quad 3, \quad 4, \quad 5, \quad 6, \quad 7,$$
$$2, \quad 4, \quad 8, \quad 16, \quad 32, \quad 64, \quad 128;$$

additionnons maintenant deux nombres
quelconques de la première série, et cher-
chons, dans la seconde, quel est le nombre opposé à leur somme dans la première; ce nombre sera le produit de la
multiplication des deux nombres de la série inférieure qui correspondent à ceux
que nous aurons additionnés dans la série supérieure. Eclaircissons ceci par un
exemple : si nous additionnons les nombres 2 et 4 de la première série, le produit sera 6, qui, dans cette même série,
correspond au nombre 64 de la série inférieure, dans laquelle nous trouvons les
nombres 4 et 16 correspondans aux nom-

bres 2 et 4 de la première ; ces nombres 4 et 16, multipliés l'un par l'autre, donnent au produit 64.

De la même manière, si nous soustrayons, l'un de l'autre, deux nombres de la première série, nous trouverons, dans le nombre correspondant à leur différence dans la seconde, le quotient du nombre, de cette seconde série, qui correspond au plus grand des deux nombres soustraits de la première, divisé par le nombre correspondant au plus petit. Par exemple, soustrayons 4 de 6, dans la série supérieure, il nous restera 2 qui, dans cette même série, correspond au nombre 4 de la série inférieure. Ce nombre 4 est le quotient de la division du nombre 64, correspondant au nombre 6, par le nombre 16 correspondant au nombre 4. Les nombres de la série supérieure prennent le nom de *logarithmes* des nombres de la série inférieure qu'on appelle *nombres naturels*. On en a fait des *tables* qui donnent les logarithmes des nombres depuis 1 jusqu'à 100,000 et plus, de sorte qu'au lieu de multiplier ou de diviser un nombre par un autre, il suffit d'additionner ou de soustraire leurs logarithmes, et les tables en indiquent le produit ou le quo

tient. On peut juger de l'immense économie de tems que ces tables procurent
dans les calculs compliqués. Si nous
avions, par exemple, à multiplier le nombre 7,543,283 par lui-même, et le produit par ce même nombre, nous aurions
à multiplier sept chiffres par sept autres,
puis quatorze chiffres, formant le premier produit, par sept chiffres encore;
nous obtiendrions enfin un dernier produit de vingt-un chiffres, opération aussi
longue qu'ennuyeuse.

Mais, si nous employons la méthode
des logarithmes, nous n'aurons qu'à additionner trois fois le logarithme du nombre primitif, dont le total nous donnera
le logarithme du dernier produit, et par
conséquent le produit lui-même. D'autres questions, de l'espèce la plus importante, peuvent être résolues par les
logarithmes, sans travail et sans peine.
D'autres même ne peuvent l'être que par
ce moyen.

La *géométrie* nous apprend les propriétés des figures, ou de portions de l'espace, ou de points placés à distance les
uns des autres. Ainsi, quand nous voyons
un *triangle* (figure à trois côtés), dont
l'un des côtés est perpendiculaire à un

autre, un raisonnement géométrique nous fait découvrir que, si nous traçons trois carrés sur chacun des côtés de ce triangle, quelle que soit la longueur de ces côtés, le plus grand carré, placé sur le plus grand côté (appelé l'*hypothénuse*), sera rigoureusement égal aux deux petits carrés pris ensemble. Nous pouvons également connaître la longueur d'un des côtés, si nous connaissons celle des deux autres. Supposons, par exemple, que l'un des côtés perpendiculaires ait 10 pieds de long, et l'autre 6, la géométrie nous démontrera que la longueur du troisième côté est un nombre qui, multiplié par lui-même, serait égal à 10 fois 10, ajouté à 6 fois 6, ou à 136 (ce nombre est entre 11 $\frac{4}{7}$ et 11 $\frac{5}{7}$). Cette seule donnée présente des avantages incalculables dans l'application : en effet, si nous avons besoin de connaître la longueur d'une ligne qui passerait par un endroit inaccessible, sur un lac, sur un bras de mer, etc., nous trouverons facilement cette longueur en mesurant deux lignes perpendiculaires l'une à l'autre, sur le terrain sec, et dont les extrémités aboutissent à celle que nous voulons connaître. Cette ligne formera donc le troisième côté d'un triangle de la même espèce que celui dont nous avons parlé plus haut, et pourra se mesurer de même. Les triangles ont encore d'autres propriétés, dont l'étude nous fait connaître, par exemple, la longueur de deux côtés d'un triangle quelconque, lorsque nous connaissons seulement la longueur de l'autre, et l'inclinaison de ces mêmes côtés sur celui connu; ainsi nous pouvons aisément mesurer la ligne perpendiculaire tirée, ou supposée tirée, du sommet d'une montagne à sa base, c'est-à-dire, la hauteur de la montagne; car nous pouvons mesurer une ligne au pied de la montagne, ainsi que l'inclinaison de deux autres lignes, partant des deux extrémités de la première, et que, par la pensée, on suppose se réunir au sommet de la montagne. Ces deux conditions trouvées, nous obtenons facilement la troisième, qui est de connaître la ligne perpendiculaire correspondant à la hauteur de la montagne. On voit que, par ce procédé, on peut mesurer facilement la distance qui existe entre deux objets inaccessibles, tels que deux îles, les sommets de deux montagnes, etc.

La géométrie nous apprend également les propriétés des lignes courbes. La plus connue de ces lignes est le *cercle*, dont les propriétés nombreuses dérivent toutes l'une de l'autre.

Nous en citerons quelques-unes : si, des deux extrémités du diamètre d'un cercle, nous tirons deux lignes qui se joignent en quelque point de la circonférence du cercle, ces lignes seront perpendiculaires l'une à l'autre. Une autre propriété des plus importantes, c'est que l'*aire*, ou l'étendue de tout cercle, de quelque grandeur que ce soit, depuis le plus grand jusqu'au plus petit, depuis le soleil jusqu'à une bague, est dans une proportion exacte avec le carré de la distance du centre à la circonférence ; de sorte que, si nous traçons un cercle avec un compas de 5 pouces d'ouververture et un autre avec un compas de 10, le plus grand cercle aura quatre fois l'étendue du plus petit ; car le carré de 10, ou 100, contient quatre fois le carré de 5, ou 25, enfin la longueur des circonférences elles-mêmes est en proportion de l'ouverture du compas ; et, dans l'exemple ci-dessus, bien que la surface du grand cercle ait quatre fois l'étendue du plus petit, la circonférence de celui-ci n'est que de moitié moindre.

Mais le cercle n'est qu'une des variétés

infinies qu'offrent les courbes. L'*ovale* ou l'*ellipse* est peut-être, après lui, la courbe qui nous soit la plus familière, bien que nous ayons plus souvent l'occasion de voir une autre courbe décrite par le mouvement des corps lancés en l'air. A la vérité, si nous laissons tomber une pierre, ou si nous la lançons perpendiculairement en l'air, elle décrira une ligne droite; mais si nous la jetons d'une manière inclinée, elle décrira une courbe avant de tomber à terre. Cette courbe est la même que celle de l'eau s'échappant d'un vase par une ouverture latérale. Elle s'appelle une *parabole*; chacun de ses points a un rapport fixe avec un autre point déterminé comme la circonférence du cercle avec son centre. La géométrie nous apprend encore les propriétés de cette courbe. Elle nous prouve, par exemple, que, si la direction dans laquelle une pierre est lancée, un boulet dirigé, tient exactement le milieu entre la ligne perpendiculaire et la ligne horizontale, la pierre ou le boulet parviendra à une plus grande distance que dans toutes les autres directions, en employant la même force motrice. De sorte que, pour qu'un boulet porte le plus loin possible, il ne faut pas que le canon soit horizontal, mais dans la direction mentionnée plus haut. Toutefois, nous devons ajouter que la résistance de l'air modifie toujours la forme de la courbe, et que, dans la réalité, elle n'est pas rigoureusement une parabole.

On peut produire les trois courbes, dont nous venons de parler, en coupant, dans différens sens, un corps conique, un pain de sucre, par exemple. Si on le coupe dans un sens parallèle à sa base, on aura un cercle; si la section est inclinée, on aura une ellipse; si elle est parallèle à l'un des côtés du cône, on obtiendra une parabole; mais si elle est dans une direction telle, que sans être parallèle au côté du cône elle passe par la base, on aura une autre courbe dont nous n'avons pas encore parlé et qu'on appelle *hyperbole*.

Telles sont les courbes les plus connues et les plus fréquemment employées; mais il y en a un nombre infini d'autres dont les rapports avec les lignes droites ou d'autres courbes ont des règles fixes et invariables : par exemple, la ligne que décrit, dans l'air, une partie quelconque de la jante d'une roue de voiture en mouvement, se nomme *cycloïde*; elle a des propriétés très - importantes parmi lesquelles on remarque celle-ci : de toutes les lignes possibles, excepté la perpendiculaire, la cycloïde est celle qui permet à un corps qui la parcourt de descendre le plus rapidement.

§ II.

DIFFÉRENCE ENTRE LES VÉRITÉS MATHÉMATIQUES ET LES VÉRITÉS PHYSIQUES.

Un peu de réflexion nous fera remarquer que la science dont nous venons d'examiner rapidement les deux branches n'a aucun rapport avec la matière, c'est-à-dire qu'elle ne tient aucun compte des propriétés ou même de l'existence de quelque corps ou substance que ce soit. La distance d'un point à un autre est une ligne droite, et tout ce qui sera prouvé relativement à cette ligne, tel que ses rapports avec d'autres lignes de même espèce, son inclinaison sur elles, ou, comme disent les mathématiciens, les angles qu'elle fait avec elles, sera également vrai, soit qu'il y ait quelque chose ou rien sur ces deux mêmes points. Ainsi, si nous connaissons l'étendue d'un champ carré, en mesurant l'un de ses côtés qui aurait 100 pieds, et en multipliant ce nombre 100 par lui-même, ce qui produit 10,000 pieds carrés pour toute la surface du champ, cette étendue sera toujours la même et le résultat toujours vrai, soit que le champ produise du blé ou de l'herbe, qu'il soit un rocher ou un lac. Il sera également vrai, si la partie solide, la terre ou l'eau, est enlevée ; car alors ce serait un espace, seulement rempli d'air, de 10,000 pieds carrés, bordé de murs ou de haies ou de quelque autre chose. Enfin, supposons que l'entourage disparaisse aussi, laissant seulement une marque, une indication à chaque coin, nous aurons toujours une étendue de 10,000 pieds carrés renfermée dans des lignes fictivement tracées d'un coin à l'autre. Ces indications mêmes ne sont pas nécessaires ; si elles étaient enlevées, notre résultat serait toujours identique, lors même que l'on supposerait l'espace complètement vide d'air. Enfin si, au lieu d'un espace carré, on avait mesuré un espace triangulaire, circulaire, ou de tout autre forme, l'opération n'en serait pas moins réelle, quelle que fût la nature de cet espace. Donc, toutes les propriétés qui appartiennent aux figures, n'ont aucun rapport avec la matière, quoi qu'en général il soit vrai de dire qu'il n'y a point de corps sans figure, ni de figure sans corps. On peut dire la même chose des propriétés des nombres : quand nous disons que 2 fois 2 font 4, nous énonçons une vérité qui n'a aucun rapport avec la matière; nous ne pensons ni à deux chevaux, ni à deux maisons, ni à deux arbres, mais à deux choses quelconques égales à deux choses du même genre. Cette partie des mathématiques est même, sous ce rapport, susceptible d'une plus grande extension que l'autre; car, comme la géométrie, elle n'a point de rapport avec l'espace, et par conséquent peut s'appliquer à tous les cas où il n'est question ni de figure ni d'étendue. Ainsi, nous pouvons parler de deux idées, de deux êtres métaphysiques enfin, et opérer sur eux comme sur des corps matériels. Ainsi, les propriétés des nombres sont toujours réelles, soit qu'on les applique à des abstractions, à des choses qui n'ont aucune existence appréciable à nos sens, soit qu'on en fasse usage pour des êtres matériels et visibles.

Il en est tout autrement de la science que nous allons examiner, la *philosophie naturelle;* car elle traite de la nature et des propriétés de substances réelles, de leurs mouvemens, de leurs rapports les unes avec les autres, et de leur influence réciproque. Outre la distinction déjà faite entre les mathématiques et la philosophie naturelle, il en existe une autre qui est entièrement liée avec celle-ci : c'est que les vérités que nous apprennent les mathématiques sont nécessairement telles; elles sont vérités par elles-mêmes, sans que leur évidence dépende des faits ou de l'expérience; elles ont leur source dans le raisonnement, et il est rigoureusement impossible qu'elles ne soient pas des vérités: 2 et 2 doivent *nécessairement,* dans tous les tems et dans tous les lieux, produire 4; les nombres dont les signes additionnés produisent une somme divisible par 3, doivent *nécessairement* être divisibles par 3; les cercles doivent *nécessairement* être, l'un à l'autre, dans l'exacte proportion des carrés de leurs diamètres. Cela ne peut être autrement, et notre esprit ne peut pas même le concevoir autrement. Aucun homme ne peut penser que 2 et 2 font plus ou moins que 4; ce serait une absurdité en contradiction manifeste avec le sens commun. Quoique les autres propriétés des nombres ne paraissent pas d'abord aussi évidentes, elles sont démontrées telles par le raisonnement; chaque pas fait dans la science, procédant immédiatement du pas précédent; chaque découverte en amenant une autre à laquelle elle est inévitablement liée, de sorte que l'esprit ne peut concevoir comment chaque proposition pourrait être différente. La dernière conclusion d'une série de raisonnemens ressort inévitablement de toutes les propositions précédentes, et est aussi nécessairement vraie que chacune d'elles, et que la première, qui est toujours évidente par elle-même, comme 2 et 2 font 4, comme le *tout* est plus grand qu'aucune de ses parties, et égal à toutes ses parties prises ensemble. C'est en raisonnant ainsi, pas à pas, de conséquence en conséquence, que nous arrivons à reconnaître l'évidence de choses qui, d'abord, ne nous paraissent pas vraies; et, lorsque nous y sommes parvenus, nous les trouvons aussi vraies et aussi positives que la plus simple proposition. La science nous apprend donc à faire ces raisonnemens, à en déduire les conséquences, et à arriver, avec certitude, aux divers résultats que nous venons d'indiquer.

La philosophie naturelle procède bien différemment, et les vérités qu'elle enseigne sont d'un autre genre : toutes reposent sur des faits ; on les découvre par l'observation et l'expérience, et rarement par le raisonnement. Un homme enfermé dans une chambre, avec des plumes, de l'encre et du papier, parviendra à découvrir, par ses méditations, quelques vérités en arithmétique, en algèbre et en géométrie ; mais nous ne pourrons découvrir la moindre des propriétés de la matière, sans avoir observé quel est son mode d'action, et fait des expériences sur la nature et le mouvement des corps. Un homme enfermé depuis sa naissance dans une chambre obscure, pourra bien remarquer quelques-unes de ces propriétés, mais sans pouvoir s'assurer si elles sont générales ou non. Il pourra dire que les corps, qu'il rencontre dans l'obscurité, résistent au toucher ; qu'ils ont trois dimensions, la longueur, la largeur et l'épaisseur ; il pourra deviner qu'il existe d'autres objets que ceux qu'il sent, et qui leur ressemblent par leurs propriétés, mais il ne pourra en avoir aucune certitude, et même ses conjectures se borneront à un très-petit nombre ; il ignorera, enfin, presque entièrement ce qui existe dans la nature, et les propriétés que la matière possède en général. C'est donc à l'expérience seule que nous en devons la connaissance. Nous voyons qu'une pierre échappée de notre main tombe à terre; c'est un fait que l'expérience seule nous a appris; avant de l'avoir observé, nous ne le connaissions pas, et il est tout-à-fait concevable que la chose se passe autrement. Par exemple, lorsque nous éloignons la main de notre corps, elle peut se tenir en l'air et se mouvoir dans tous les sens. Il n'y a là rien d'absurde, d'in-concevable ou de contradictoire, comme dans la supposition que la pierre pourrait n'être que la moitié ou le double d'elle-même, ou qu'elle monte et descend à la fois, ou qu'elle va à droite et à gauche en même tems. Le seul motif que nous ayons pour ne pas croire que la pierre puisse rester suspendue en l'air ou s'élever d'elle-même, est que nous n'avons jamais vu ce phènomène, et que nous sommes habitués à la voir tomber à terre; néanmoins, si l'expérience ne nous éclairait pas à ce su-jet, il n'y aurait pas d'absurdité à penser que la pierre peut s'élever d'elle-même et se soutenir en l'air.

Lorsque l'observation nous a révélé

l'existence de certains faits, nous pouvons leur appliquer le raisonnement mathématique, et ce raisonnement acquiert la certitude mathématique. Par exemple, si, après avoir constaté la direction perpendiculaire que suit la pierre échappée de la main, nous examinons quelle est la manière dont cette chûte a lieu, nous remarquerons que le mouvement s'accélère à chaque instant, jusqu'à ce que la pierre soit à terre; les mathématiques nous donneront ensuite les moyens d'apprécier dans quelle proportion a lieu cet accroissement successif de vitesse, et de le déterminer rigoureusement. Une autre expérience nous démontrera que la même pierre, ou tout autre chose, poussée sur une table, se mouvra dans une direction déterminée par l'impulsion qu'elle aura reçue jusqu'à ce qu'elle soit arrêtée par un obstacle, ou par son frottement sur la table, ou par la résistance de l'air. Ces faits, comme nous l'avons déjà dit, ne nous sont connus que par l'expérience et l'observation, et auraient pu ne pas avoir lieu, si la matière et le mouvement eussent été constitués différemment. Mais, en les adoptant comme ils existent et comme nous les observons, nous pouvons y appliquer le raisonnement mathématique, y découvrir les plus curieuses et les plus importantes vérités qui en découlent, non pas accidentellement, mais de toute nécessité. Par exemple, nous pourrons trouver quelle ligne la pierre décrira, si, au lieu de la laisser échapper de la main, on la lance en avant. Cette ligne sera une courbe dont nous avons déjà parlé, la *parabole*, et la pierre la parcourra de manière qu'il y ait une certaine proportion entre le tems qu'elle emploiera, l'espace qu'elle parcourra, et le tems qu'elle aurait employé, et l'espace qu'elle aurait parcouru si elle était tombée perpendiculairement. On peut découvrir, de la même manière, ce que nous avons dit du rapport entre la distance à laquelle elle tombera, et la direction qu'on lui aura imprimée ; distance qui sera la plus grande possible, si la direction tient le juste milieu entre la ligne horizontale et la ligne perpendiculaire. Ce sont des vérités mathématiques dérivées d'un raisonnement mathématique sur des principes physiques ; c'est-à-dire, sur des faits prouvés par l'observation et l'expérience. Le résultat est donc vrai nécessairement, et prouvé tel par le seul raisonnement, pourvu néanmoins que les faits soient certains. Dans son ensemble, le résultat dépend donc en partie des faits reconnus par l'expérience, et en partie de raisonnemens sur ces mêmes faits. Ainsi le raisonnement démontre, comme vrai, et nécessairement vrai, que, si la pierre décrit une ligne perpendiculaire dans sa chûte, lorsqu'on l'abandonne à elle-même, elle décrira une parabole lorsqu'elle sera lancée en avant : c'est une vérité mathématique dont rien ne peut changer la nature. Mais, lorsque nous posons le principe sans aucune supposition, sans aucun *si*, et que nous disons : une pierre lancée en avant décrit une parabole, nous établissons une vérité déduite en partie d'un fait, et en partie d'un raisonnement mathématique sur ce fait ; mais il en aurait pu être autrement, si la nature des choses eût été différente. L'homme, enfermé depuis son enfance dans une chambre obscure, ne pourra jamais découvrir cette vérité, à moins qu'il ne soit informé du fait par ceux qui ont pu l'observer ; le raisonnement seul ne peut donc lui faire découvrir les vérités physiques : ce sont des faits sur lesquels il peut raisonner, lorsqu'il les connait, mais qu'il ne peut connaître que par sa propre expérience ou

par celle d'autrui ; mais lorsqu'il les a
appris, il peut en déduire les conséquences
par le raisonnement seul, avec autant de
certitude que s'il n'était pas privé de la
lumière, et que s'il eût vu la pierre tomber ou décrire une parabole. L'expérience
et l'observation sont donc les deux grandes
sources où nous devons puiser nos connaissances dans cette matière ; et l'exac-
titude et la persévérance sont les seuls
moyens d'arracher à la nature ses impor-
tans secrets. La *philosophie naturelle* et
la *philosophie expérimentale* sont donc
synonymes.

§ III.

DE LA PHILOSOPHIE NATURELLE OU EXPÉRIMENTALE.

La philosophie naturelle, dans son
sens le plus étendu, a, pour domaine,
l'investigation des lois de la matière, c'est-
à-dire ses propriétés et son mouvement.
Elle peut se diviser en deux grandes branches : la première, connue sous le nom
de *physique*, et qu'on pourrait nommer
la *philosophie mécanique*, traite des
mouvemens sensibles de tous les corps ; la

seconde soumet à son examen leur constitution et leurs propriétés ; elle prend différens noms suivant la nature de ses recherches. On l'appelle *chimie*, si elle s'occupe des propriétés des corps relativement à la chaleur, à leur mélange, ou plutôt à leur combinaison, à leur pesanteur, à leur goût, à leur apparence, etc.; *anatomie* et *physiologie*, si elle traite de la structure et des fonctions des corps vivans, particulièrement du corps humain ; car on l'appelle *anatomie comparée*, lorsqu'elle a pour objet les animaux ; *médecine*, si elle enseigne la nature des maladies, les moyens de les prévenir et de recouvrer la santé ; *zoologie* (de deux mots grecs qui signifient *discours sur les animaux*), lorsqu'elle a pour but l'arrangement ou la classification, et les habitudes des différentes espèces d'animaux ; *botanique*, s'il s'agit de la classification des plantes ; *géologie* (de deux mots grecs qui signifient *discours sur la terre*), quand elle s'occupe des masses qui composent le globe terrestre et de leur arrangement ; enfin, *minéralogie*, si elle ne traite que de la classification des minéraux. Les quatre dernières branches prises ensemble forment ce qu'on désigne sous le nom général d'*Histoire naturelle*, lorsque, surtout, elles se rapportent plus spécialement à la classification de la matière, à l'observation des points de ressemblance et des différences qui existent entre les divers animaux, les plantes, les corps inanimés ou inorganiques.

Ici se présentent deux observations générales. La première, c'est qu'une telle division des sciences est nécessairement imparfaite, parce qu'elles font souvent des excursions dans le domaine l'une de l'autre. Ainsi la chimie nous apprend quelles sont les propriétés des plantes entre elles, et par rapport à d'autres substances ; et la botanique nous enseigne également ces mêmes propriétés, quoique son but spécial soit la classification des plantes ; ainsi la minéralogie, qui s'occupe particulièrement de la classification des métaux et des terres, considère également leurs propriétés par rapport à la chaleur et à leurs combinaisons ; ainsi la zoologie, outre la classification des animaux, décrit leur structure, comme l'anatomie comparée. En un mot, toute classification ne tient aucun compte des propriétés inhérentes à chaque corps ; et les différences ou les ressemblances de composition qui peuvent s'y rencontrer, appartiennent à la chimie ou à d'autres branches de la science. De cette première observation découle nécessairement la seconde, c'est que les sciences se prêtent un mutuel secours : nous avons vu comment l'arithmétique et l'algèbre aident la géométrie, et combien elles sont utiles à la mécanique ; de même la mécanique prête son appui à l'anatomie, et quelquefois à la chimie ; enfin, cette dernière offre les plus grandes ressources à la physiologie, à la médecine, et à toutes les branches de l'histoire naturelle.

La première grande division des sciences naturelles est la *mécanique* qui forme plusieurs subdivisions, dont chacune est d'une haute importance. La plus essentielle, celle qu'on peut considérer comme fondamentale, et applicable à toutes les autres, est la *dynamique* (d'un mot grec qui signifie *puissance, force*), qui traite des lois du mouvement dans toutes ses variétés. C'est dans le domaine de cette science que rentre le cas de la pierre lancée en avant, dont nous avons déjà parlé plusieurs fois. C'est à elle que se rapporte encore une autre loi plus générale, immense dans ses conséquences, et dont le premier exemple n'est qu'un cas particulier ; c'est celle du mouvement de tous les corps qui, attirés par une force quelconque vers un point, sont en même tems mus dans une autre direction par une impulsion primitive qui continue d'agir concurremment avec la force d'attraction. La ligne que parcourt un corps ainsi mu, dépend de la force qui le fait mouvoir, de la direction qui lui est imprimée, et de la nature de la puissance qui l'attire vers un point. Si cette attraction est uniforme, c'est-à-dire la même dans toutes les directions que pourra prendre le corps autour du point, et à toutes les distances où il pourra s'en trouver, la ligne parcourue sera un cercle, et le point vers lequel le corps est constamment attiré sera le centre de ce cercle. Ainsi, une pierre placée dans une fronde décrit un cercle tant qu'elle reste dans la fronde, lors même que la main s'arrête après lui avoir imprimé son mouvement; dans ce cas, la main est le centre du cercle. Mais si, pour faire tourner *la pierre*, la main décrit elle-même un plus petit cercle, le point vers lequel la pierre sera attirée, sera le centre de deux cercles décrits par la pierre et par la main. Quant à la ligne que parcourt la pierre lorsqu'elle s'échappe de la fronde, c'est une parabole, comme nous l'avons déjà établi. Si la force attractive varie d'après les distances, de manière à attirer plus promptement le corps lorsqu'il sera plus près de ce point, alors le corps parcourra, non un cercle, mais d'autres lignes courbes de différentes espèces, suivant la proportion dans laquelle la force attractive varie, et suivant la direction et la force de l'impulsion primitive donnée au corps. Si la force attractive est telle qu'à deux pieds du point elle soit quatre fois moindre qu'à un pied, neuf fois moindre à trois pieds, seize fois moindre à quatre, et décroissant toujours dans la même proportion, ou, comme disent les mathématiciens, *en raison inverse du carré de la distance*, le corps mis en mouvement dans une direction qui ne concourt point avec celle de la force attractive ne décrira point un cercle, mais une ellipse ou un ovale. Nous n'entrerons point ici dans les détails qu'exigerait l'explication, un peu compliquée, de cet exemple : nous les réservons pour le *Traité de dynamique*. Il renferme, toutefois, l'une des plus importantes vérités que puisse nous révéler la science, c'est que la force avec laquelle les corps tombent sur la terre, ou ce qu'on nomme leur

gravité, décroît, avec la distance, exactement dans la proportion du carré de cette
distance; c'est-à-dire, qu'à deux lieues de
la terre, un corps est quatre fois moins
attiré qu'à une lieue ; à trois lieues, neuf
fois moins, etc. Quoique décroissante,
cette force n'est jamais détruite, même à
la plus grande distance, et l'on ne peut
douter qu'elle ne s'exerce à l'infini. Les
observations astronomiques faites sur le
mouvement des corps célestes, sur celui
de la lune, par exemple, prouvent que ce
mouvement varie de vitesse dans plusieurs
points de la ligne parcourue, de la même
manière que, sur la terre, le mouvement
d'un corps quelconque serait plus rapide
ou plus lent suivant sa distance au point
vers lequel il est attiré, pourvu qu'il le
soit par une force agissant en raison inverse du carré de la distance : on a aussi
observé que la proportion déjà mentionnée dans l'exemple précédent, entre le
tems et la distance, est également une loi
du mouvement des astres. Donc la lune
étant attirée vers la terre par une force
qui varie suivant le carré de la distance
entre ces deux corps, elle décrit une ellipse autour de la terre qui occupe un
point placé plus près de l'une des extré-

mités de l'ellipse que de l'autre. Il est également prouvé que la terre se meut autour du soleil en décrivant une courbe semblable, parce qu'elle est attirée de la même manière par cet astre ; enfin toutes les autres planètes, attirées par la même force, décrivent, autour du soleil, une courbe du même genre. Trois de ces planètes ont des lunes comme la terre ; Jupiter en a quatre, Saturne sept, et Herschell ou Uranus six ; mais on ne peut les voir qu'à l'aide du télescope. Toutes ces lunes décrivent également des ellipses autour de leurs planètes, comme la lune autour de la terre, et sont entraînées, avec ces mêmes planètes, dans l'ellipse que celles-ci décrivent autour du soleil. Enfin cette force, qui règle ainsi le mouvement réciproque de tous les astres, est la même qui fait tomber les corps sur la terre qui les attire.

On donne le nom de *système solaire* au soleil et aux douze planètes qui se meuvent autour de lui, parce qu'elles sont assez rapprochées l'une de l'autre et du soleil, pour qu'on puisse apprécier les effets de leur attraction réciproque, tandis qu'elles sont placées trop loin des étoiles fixes pour que cette influence, qui existe néanmoins, puisse être facilement reconnue. Les *co-mètes* appartiennent au même système. Ce sont des corps qui se meuvent, autour du soleil, dans des ellipses beaucoup plus allongées que celles de la terre et des autres planètes qui se rapprochent beaucoup du cercle, tandis que celles des comètes pourraient être prises pour des lignes droites. Elles diffèrent encore des autres planètes et de leurs lunes sous un autre rapport. Leur lumière n'est point, comme celle de la lune, produite par la réflexion des rayons du soleil; elles ne sont point, comme elle, obscurcies quand la terre est entre elles et le soleil, etc.; mais elles ont une lumière particulière qui provient vraisemblablement de leur conflagration générale, puisqu'elles s'approchent, dans leur course, beaucoup plus près du soleil que toutes les autres planètes. Leur mouvement est aussi plus rapide; et. si elles s'approchent plus près du soleil, elles s'en éloignent aussi bien davantage, et mettent beaucoup plus de tems à faire leur révolution. Leurs années sont, pour quelques-unes, de 75, de 135, de 300 ou plus de nos années. Mais leurs mouvemens sont toujours assujétis à la grande loi de la *gravitation universelle*. Elles ont plus de vitesse quand elles sont plus près du soleil qui les attire toujours en raison inverse du carré de la distance ; et la proportion entre le tems et la distance est, pour elles, la même que celle qui existe entre la lune et la terre, etc.

Plus nous multiplierons nos observations sur les corps célestes, plus nous reconnaîtrons que leurs mouvevens sont rigoureusement soumis à cette grande loi ; ainsi, tandis que la terre attire la lune et est attirée par le soleil, celui-ci attire aussi la lune ; l'attraction du soleil s'exerce également sur Jupiter et sur ses lunes, sur lesquels Saturne exerce une influence semblable ; et, comme cette force de gravitation est universelle, un corps ne peut en attirer un autre sans en être attiré lui-même ; c'est aussi ce qui a lieu entre la lune et la terre, entre le soleil et les planètes qui s'attirent aussi réciproquement.

Ces attractions mutuelles donnent lieu à plusieurs déviations des courbes elliptiques, parcourues, et produisent plusieurs irrégularités dans le calcul simple des mouvemens des corps célestes ; mais la perfection à laquelle les mathématiques ont été portées de nos jours, nous a donné les moyens de réduire en système toutes ces irrégularités, et a révélé l'une des plus étonnantes vérités de la science, savoir : que, d'après certaines conséquences nécessaires du simple fait sur lequel repose toute la démonstration (la proportion entre la force attractive et la distance à laquelle elle agit), toutes ces irrégularités, qui d'abord semblaient troubler l'ordre du système et détruire toute la doctrine, sont elles-mêmes sujettes à une règle fixe, et ne peuvent jamais dépasser certain point, mais commencent à diminuer lorsqu'elles l'ont atteint, et continuent jusqu'à ce qu'elles soient parvenues à un autre point où elles recommencent alors à augmenter, et toujours ainsi de suite. Les planètes décrivent une ellipse déterminée par l'attraction combinée avec l'impulsion primitive qu'elles ont reçue d'abord ; et les forces perturbatrices font continuellement varier la forme de cette ellipse, en renflant son milieu, ou, pour mieux dire, ses côtés, quoique dans une très-petite proportion, eu égard à la dimension de l'ellipse dont, néanmoins, la longueur n'est jamais altérée ; cette augmentation de largeur est journellement et même annuellement très-petite ; et, après un certain nombre d'années, elle est aussi grande qu'elle peut l'être; l'altération prend alors une direction contraire, et la courbe s'aplatit graduellement pendant le même nombre d'années qu'elle avait mis à se renfler, jusqu'à ce que l'aplatissement ait atteint son plus grand accroissement; le renflement de l'ellipse recommence alors pour diminuer ensuite et réciproquement. Il en est de même de toute autre irrégularité du système; ce qui paraît d'abord une exception à la règle, en devient une conséquence, après un mûr examen; ou le résultat d'un arrangement plus général produit par le principe de la gravitation; arrangement dont la règle elle-même et ses exceptions apparentes font partie.

La puissance de gravitation qui règle ainsi tout le système de l'univers, en gouverne aussi toutes les parties séparément. Ainsi il est démontré que le flux et reflux de l'Océan est causé par la gravitation qui attire et soulève l'eau de la mer vers le soleil et la lune; la figure de la terre et de tous les astres qui ont un mouvement de rotation sur leur axe, est déterminée également par la gravitation; tous sont aplatis aux deux extrémités de leur axe et sont renflés au milieu.

L'importante découverte du principe sur lequel reposent toutes ces vérités appartient à Newton, le génie le plus extraordinaire qui ait jamais existé. Ses raisonnemens sur la nature de la matière et du mouvement l'amenèrent à conclure que la terre devait être aplatie vers les deux extrémités de son axe, bien qu'alors on crut généralement qu'elle offrait un globe parfait, d'après l'observation, faite depuis long-tems, de l'ombre ronde qu'elle projette sur la lune dans les éclipses. Quelques années après la mort de Newton, sa conjecture fut prouvée réelle, par la mesure qu'on fit de certaines parties de la surface de la terre, et par la différence qu'on remarqua entre la pesanteur et l'attraction des corps à l'équateur où la terre est renflée, et leur pesanteur et leur attraction aux pôles où elle est aplatie. Les télescopes perfectionnés ont prouvé la même chose pour les planètes de Jupiter et de Saturne. Outre l'exposition des lois générales qui règlent les mouvemens et la forme des corps célestes qui appartiennent au système solaire, l'astronomie calcule la place que ces corps doivent occuper à certaines époques, celle de leurs lunes ou *satellites*, et parvient à prédire leurs éclip--

ses. Elle observe aussi les étoiles fixes, innombrable assemblage d'astres qui ne se meuvent pas autour du soleil, comme la terre et les autres planètes ; qui n'en reçoivent pas, comme elles, leur lumière, mais brillent, comme le soleil et les comètes, d'un éclat qui leur est propre ; et qui, immobiles, suivant toute apparence, sont placées à une distance immense de notre système solaire. Chacune de ces étoiles est probablement le soleil de quelque système comme le nôtre, et éclaire des planètes avec leurs satellites. Elles sont tellement loin de nous, qu'elles ne nous paraissent que comme un point d'une faible lumière ; comme deux lampes, placées à quelques pouces l'une de l'autre, paraissent n'avoir qu'un seul foyer lorsque nous les regardons d'un lieu éloigné. Le nombre des étoiles fixes est prodigieux : à l'œil nu, on en compte jusqu'à 3000 ; mais, lorsqu'on examine le ciel avec un télescope, on ne peut plus les compter. On en a découvert 2000 dans une *constellation :* on nomme ainsi l'assemblage d'un petit nombre d'étoiles visibles à l'œil nu. Ce qui nous semble un nuage lumineux pendant la nuit, comme la *voie lactée*, que le peuple appelle le *chemin de Saint-*

Jacques, devient, au télescope, un innombrable amas d'étoiles fixes qui, selon toute probabilité, sont autant de soleils, chacun avec des planètes, placés à une distance incalculable de nous.

Les dimensions, les mouvemens et les distances des corps célestes sont tels qu'ils surpassent l'imagination, et qu'ils n'offrent aucun terme de comparaison avec ce qui nous entoure. Par exemple, le diamètre de la terre est de 2,865 lieues de 2,282 toises ou de 25 au degré ; mais celui du soleil est de 323,155 lieues, et son volume est 1,436,922 $^2/_3$ fois plus considérable que celui de la terre. La planète de Jupiter, qui ne nous paraît qu'un point, vu sa grande distance de la terre (elle va de 180,794,802 lieues à 224,859,747) est environ 1,479 fois plus grosse que notre globe, et son diamètre est de 32,644 lieues. La distance moyenne de la terre au soleil est de 24,761,680 lieues, celle de Jupiter est de 380,794,802 lieues, et celle de Saturne de 331,628,860. La vitesse avec laquelle la terre se meut autour du soleil, est de plus de 400 lieues à l'heure, ou environ 140 fois plus grande que celle d'un boulet de canon ; la planète de Mercure, qui est la plus rapprochée du soleil, se meut encore plus vite, et fait plus de 660 lieues à l'heure. Nous-mêmes, placés sur la surface de la terre, outre le chemin que nous faisons avec elle autour du soleil, nous avons encore un autre mouvement de rotation qui ne va pas à moins de 9,000 lieues par jour.

Ces mouvemens et ces distances, quelque prodigieux qu'ils soient, ne sont rien comparés à ceux des comètes. Nous en citerons une qui s'éloigne jusqu'à plusieurs milliards de lieues du soleil, et qui, lorsqu'elle en est le plus rapprochée, a une vitesse de plus de 300,000 lieues par heure; Newton a calculé que sa chaleur est 2,000 fois plus grande que celle d'un fer rouge, et qu'elle mettrait plusieurs millions d'années à se refroidir. Mais l'éloignement des étoiles fixes est encore plus grand. Quelques-unes sont 400,000 fois plus éloignées de la terre que celle-ci ne l'est du soleil, c'est-à-dire, de 13,904,672,000,000, de sorte qu'un boulet de canon mettrait 5 ou 6 millions d'années pour atteindre l'une d'elles, en supposant que rien n'arrêtât ou ne rallentît sa vitesse.

Les astronomes, au moyen d'excellens télescopes, aidés de la géométrie et du calcul, sont parvenus, non-seulement à observer les étoiles, les planètes et leurs satellites, mais ils ont encore pu mesurer la hauteur des montagnes de la lune, par l'observation des ombres qu'elles projettent sur sa surface. Ils y ont même découvert des volcans.

Les tables que, par ces divers moyens, ils ont pu dresser des mouvemens des corps célestes, sont d'une grande utilité pour la navigation. Les éclipses des satellites de Jupiter et les tables des mouvemens de la lune, permettent aux marins de s'assurer de la position d'un vaisseau en mer.

L'observation de la hauteur du soleil à midi donne la *latitude* du lieu où l'on est; c'est-à-dire sa distance à l'*équateur* (on nomme ainsi le cercle qu'on suppose tracé au milieu de la surface de la terre). Ces tables, jointes à l'observation des satellites de quelques planètes, donnent la *longitude* du lieu, c'est-à-dire sa distance au levant ou au couchant de l'observatoire pour lequel elles ont été calculées. Par conséquent les marins peuvent ainsi connaître sur quel point de l'Océan ils se trouvent, combien ils ont fait de chemin depuis leur départ, combien ils en ont encore à faire, et la direction qu'ils doivent suivre pour arriver à leur destination.

Les avantages de cette science sont donc évidens dans un très-grand nombre de circonstances ; mais combien deviennent-ils insignifians comparés à la grandeur des idées que la science fait naître en nous, sur ces mondes innombrables parcourant l'immensité de l'espace avec la plus parfaite régularité, et assujétis à leurs mouvemens prodigieux par un seul et même principe, qui soumet également à ses lois les plus petites parties de la matière.

L'application que nous avons examinée de la dynamique aux mouvemens des corps célestes, forme la science de l'*astronomie physique*. L'application de la dynamique au calcul, à la production et à la direction du mouvement, forme la science de la *mécanique*, qui prend quelquefois le nom de *mécanique pratique*, pour la distinguer de l'emploi le plus étendu de ce mot qui s'entend de tout ce qui a rapport au mouvement et à la force. Le principe fondamental de cette science, celui dont elle se sert particulièrement, découle immédiatement d'une propriété du cercle que nous avons déjà mentionnéc, et qu'on a pu, probablement, considérer alors comme d'une très-petite importance : c'est que l'étendue d'un cercle est en proportion de son diamètre. Remarquons, en passant, que presque toutes les découvertes ou inventions de l'homme reposent sur des vérités aussi simples, au moyen desquelles il augmente presque indéfiniment sa puissance. Rien n'est plus instructif que d'observer, en étudiant les avantages et l'importance des vérités scientifiques, combien, au premier abord, elles paraissent ou triviales, ou rebutantes. Par exemple, une des conséquences immédiates de cette propriété du cercle, c'est que, si une verge de fer, une règle de bois, ou de toute autre matière solide, est placée sur un pivot sur lequel elle puisse se mouvoir comme les bras d'une balance sur son axe, les deux extrémités décriront des cercles proportionnés à la longueur du bras auquel elles appartiendront. Ces cercles seront égaux si le pivot est au milieu de la règle ; mais s'il est trois fois plus près d'un des bouts que de l'autre, ce bout décrira un cercle trois fois moins grand que l'autre dans le même tems. Mais, si le long bras décrit un cercle trois fois plus grand, il se mouvra aussi avec une vitesse trois fois plus grande; donc une force quelconque qui y serait appliquée serait capable de balancer une résistance trois fois plus grande appliquée à l'extrémité du petit bras, puisque tous deux se meuvent dans des directions contraires. Ainsi une livre appliquée à l'extrémité du long bras doit faire équilibre à trois livres placées à l'extrémité du petit. Cette verge de fer, de bois, etc., s'appelle un *levier*, et la même règle s'applique évidemment à toutes les proportions de la longueur du levier. Supposons, par exemple, que le levier ait 17 pieds de long, et que le pivot sur lequel il est en équilibre soit placé à un pied de l'une de ses extrémités, à laquelle on appliquerait un poids d'une livre, ce poids sera balancé par un poids d'une once placé au bout du long bras. Si, au lieu d'un poids d'une once, nous plaçons sur le long bras l'extrémité du petit bras d'un autre levier, réunissant les mêmes conditions que le premier, et sur le long bras duquel on placerait le petit bras d'un troisième levier, remplissant aussi les mêmes conditions; si nous appliquons, à l'extrémité du long bras de ce troisième levier, un poids d'une once, ce poids fera équilibre à un poids d'une livre appliqué au long bras du second levier; cette livre à son tour balancera un autre poids de 16 livres placé à l'extrémité du long bras du premier levier; enfin, ces 16 livres feront équilibre à un dernier poids de 256 livres supporté par le petit bras du premier levier. Si, au lieu d'une once, on appliquait au long bras du troisième levier un poids d'une livre, il balancerait un poids de 4,096 livres placé à l'extrémité du petit bras du premier levier; de sorte que la moindre impulsion donnée avec le doigt ou la main d'un enfant, ferait mouvoir ce poids que deux chevaux traîneraient à peine. On a donné, pour cette raison, au levier, le nom de *puissance mécanique*. On compte cinq autres puissances mécaniques toutes fondées sur le même principe, et qui, en définitive, se résolvent en combinaisons de leviers. Ainsi un treuil, ou une roue à carrière, n'est qu'un levier se mouvant autour d'un axe, et conservant toujours l'effet obtenu pendant chaque partie du mouvement, au moyen d'une corde qui s'enroule sur le cylindre. Dans ce cas les rais de la grande roue sont le long bras, et le demi-

diamètre du cylindre forme le petit bras
du levier. En combinant ainsi des leviers, des roues et des poulies, on obtient un si grand accroissement de force,
que, sans la résistance du frottement et
celle de l'air, il n'y aurait point de bornes à l'effet de la plus petite force ainsi
multipliée. C'est d'après ce principe fondamental, qu'Archimède, l'un des plus
grands mathématiciens de l'antiquité, se
vantait de pouvoir soulever le monde si
on lui donnait un point d'appui. Une vérité aussi simple que celle que nous avons
énoncée plus haut, est donc la base uni-
que de toute puissance mécanique. Par
elle nous parvenons à soulever des fardeaux, à diviser les rochers, à tirer, des
entrailles de la terre, les trésors qu'elle
recèle; en un mot, à exécuter des travaux devant lesquels échouerait toute
force humaine, aidée de celle des animaux que l'homme a soumis à sa puissance.

L'application de la dynamique à la pression et aux mouvemens des fluides con-
stitue une science qui prend différens
noms, selon que les fluides sont denses et
liquides comme l'eau, ou légers et invi-
sibles comme l'air. Dans le premier cas

on la nomme *hydrodynamique*, de deux mots grecs qui signifient *eau* et *puissance*, et dans le second *pneumatique*, d'un mot grec qui signie *air* ou *souffle*. L'hydrodynamique se divise en deux autres sciences : l'*hydrostatique*, de deux mots grecs qui signifient *équilibre* et *eau*, traite du poids et de la pression des liquides; l'*hydraulique*, qui traite de leur mouvement, prend son nom d'un instrument de musique grec, dont les sons étaient produits par de l'eau enfermée dans des tuyaux.

Les découvertes auxquelles a conduit l'expérience, aidée du raisonnement mathématique sur la pression et le mouvement des fluides, sont de la plus grande importance, soit qu'on les applique à quelque branche d'industrie, soit qu'on se borne à l'examen des phénomènes naturels. Par exemple, il est prouvé que la pression de l'eau sur une surface quelconque qui la supporte, n'est pas du tout proportionnée à la masse du liquide, mais seulement à la hauteur à laquelle il s'élève au-dessus de cette surface; de sorte qu'un tuyau long et étroit, contenant une ou deux livres d'eau, pourra produire, sur la surface au-dessus de laquelle ce tuyau s'élèvera, une pression de 20,000 ou 30,000 livres, et même trois ou quatre fois plus, si, sans augmenter la quantité d'eau, on allonge et l'on rétrécit proportionnellement le tuyau. Une si puissante et si extraordinaire propriété de la matière paraît d'abord incroyable, et n'est plus, lorsqu'on en connaît les lois, qu'un de ces innombrables, mais simples moyens que la nature emploie pour produire ses plus puissans effets. Nous en tirerons, en passant, une autre conséquence; c'est qu'on doit, lorsqu'on emploie des agens aussi énergiques, se précautionner contre les accidens qu'ils peuvent produire, en bien calculer les effets pour éviter les dangers auxquels ils nous exposent, et en tirer les plus grands avantages possibles.

Les découvertes relatives à l'air ne sont pas moins intéressantes en elles-mêmes, et moins susceptibles d'importantes applications. C'est un agent qui, bien qu'invisible, est aussi puissant que l'eau, soit dans les opérations de la nature, soit dans celles des arts. Des expériences d'une nature aussi simple que décisive, prouvent que l'air exerce une pression d'environ 15 ou 16 livres par pouce carré; de sorte que, bien que notre main éprouve en dessus une pression de près de 300 livres, cette pression est balancée par une pression égale que l'air exerce en dessous et sur les côtés. Si donc on parvient à supprimer l'air en dessous, la pression supérieure n'est plus balancée et exerce toute sa puissance. C'est sur ce principe que s'opère l'ascension de l'eau dans les pompes. Le mouvement du piston supprime l'air dans le cylindre, et la pression de l'air extérieur force l'eau à y monter jusqu'à la hauteur de 32 pieds, parce qu'une colonne d'eau de cette hauteur est d'un poids égal à celui d'une colonne d'air de même diamètre. De là vient l'ascension du mercure dans les baromètres, mais seulement jusqu'à 28 pouces, parce que le mercure est 13 fois et demie plus pesant que l'eau; de là aussi le principe du mouvement de quelques machines à vapeur: le piston est poussé de haut en bas par le poids de l'atmosphère, parce que la vapeur introduite en dessous en a chassé l'air, et a été subitement refroidie et convertie en eau; de là aussi la faculté que possèdent quelques animaux, de marcher sur la surface perpendiculaire des murailles, ou contre le plafond d'une chambre, en raréfiant l'air interposé entre leurs pieds et la muraille. La pression que l'air exerce alors sur la partie extérieure de leurs pieds suffit pour les soutenir.

L'*optique* (d'un mot grec qui signifie *voir*) traite de la nature de la lumière et des sensations qui s'y rattachent. Cette science présente un champ vaste et abondant d'observations intéressantes ; c'est à elle que les arts et les autres sciences doivent ces utiles instrumens qui nous permettent d'examiner les plus petites parties de la structure des corps terrestres et de calculer, avec la plus grande précision, l'étendue et les mouvemens des astres les plus éloignés. Envisagée comme objet de curiosité, elle offre des singularités remarquables dont les principales ont été découvertes par le génie de Newton. L'une d'elles est que la lumière, qui nous paraît blanche, est en réalité composée de sept couleurs, mélangées dans certaines proportions. Une autre présente la vérification de la conjecture la plus étonnante par sa hardiesse. Ayant constaté que les corps les plus combustibles étaient ceux qui réfractaient le plus fortement la lumière, il en tira la conséquence que l'eau et surtout le diament étaient des corps éminemment combustibles, et, un siècle après, l'expérience vint confirmer pleinement cette conjecture.

Nous devons les découvertes les plus importantes de l'*électricité* (d'un mot grec qui signifie *ambre*) à un homme qui, pour l'étendue et la profondeur de son génie, n'est point indigne d'être nommé après Newton; nous voulons parler du docteur Franklin, dont le patriotisme n'eut pas moins d'influence sur la cause de la liberté américaine que ses travaux scientifiques n'en eurent sur les progrès des connaissances humaines. L'*électricité* traite d'une substance particulière, ayant à la fois les propriétés de la lumière et de la chaleur, et que le frottement développe à la surface d'une certaine classe de corps, comme le verre, la cire, la soie, l'ambre, etc., et qui peut être conduite à travers d'autres, comme le bois, les métaux, l'eau, etc. Franklin découvrit que l'électricité ainsi produite est de la même nature que la substance qui, développée sur les nuages, produit les éclairs et le tonnerre, d'où lui vint l'idée de préserver les édifices de la foudre, en soutirant le fluide électrique des nuages au moyen d'une pointe métallique, comme il avait remarqué qu'on pouvait le faire sur les corps électrisés. L'invention du *paratonnerre* et la conduite patriotique de cet homme célèbre dans les débats sanglans qui affranchirent l'Amérique du nord du despotisme de l'Angleterre, lui méritèrent cette inscription placée sous son buste :

Eripuit cœlo fulmen, sceptrumque tyrannis.
(Il) ravit la foudre au ciel et le sceptre aux tyrans.

L'observation de quelques mouvemens produits dans les pattes d'une grenouille morte, a donné lieu à la découverte de l'*électricite animale* ou du *galvanisme*, du nom de *Galvani*, physicien italien, qui le premier s'est occupé de ces phénomènes. Cette science a eu les résultats les plus avantageux sur les progrès de la chimie dont elle a entièrement changé la face. Nouvelle preuve de cette grande vérité que la nature nous paie toujours avec usure des peines que nous prenons à examiner sa marche et ses procédés; c'est donc à une remarque accidentelle, mais recueillie avec soin, méditée avec persévérance au milieu d'expériences et de calculs nombreux, que nous devons la plupart des immenses progrès que la chimie a faits depuis quelques années, et ceux, peut-être plus considérables encore, qu'elle est appelée à obtenir.

Pour expliquer la nature et le but de celles des sciences naturelles qui sont plus ou moins liées aux mathématiques, il était nécessaire d'entrer dans quelques détails sans lesquels il eût été difficile d'apprécier à la fois leur importance et les jouissances qu'elles procurent. Ces détails deviendront inutiles pour les autres sciences. Le degré d'importance et d'intérêt qu'offre l'étude de la chimie est facilement appréciable, lorsqu'on sait une fois qu'elle traite de la nature intime de tous les corps, des rapports de toutes les substances simples avec la chaleur ou entre elles, de leurs combinaisons les unes avec les autres, de la composition de celles que la nature produit à l'état de combinaison, et de l'application de toutes aux arts et aux manufactures.

Plusieurs branches des sciences naturelles sont spécialement du ressort de quelques professions, comme la médecine et la chirurgie. D'autres sont facilement comprises lorsqu'on possède les principes de la mécanique et de la chimie dont elles ne sont que des applications : comme celles qui traitent de la structure de la terre et des changemens qu'elle a subis ; des mouvemens des muscles et de la structure des animaux ; des propriétés des substances animales et végétales, ou, comme l'agriculture, de la qualité des terrains, des engrais qui leur conviennent et des procédés de la culture. D'autres ne sont que des collections de faits d'un grand intérêt, mais faciles à comprendre et à apprécier pour quiconque sait lire. C'est à cette classe que se rattache l'*histoire naturelle,* en tant qu'elle décrit les habitudes des animaux et les soins qu'ils exigent ainsi que les plantes.

§ IV.

APPLICATION DES SCIENCES NATURELLES AUX RÈGNES ANIMAL ET VÉGÉTAL.

Dans le but de mieux démontrer les avantages de l'étude des sciences et ses résultats sur le développement de l'esprit, ainsi que les plaisirs et la satisfaction qu'elle peut procurer, nous allons citer quelques exemples de plusieurs vérités remarquables que nous a fait connaître l'application des mathématiques, de la mécanique et de la chimie aux habitudes des animaux et des plantes. Puis nous y en ajouterons quelques autres d'une application non moins intéressante, mais beaucoup plus facile, puisqu'elles n'auront besoin d'aucune étude préalable.

Nous nous rappelons la courbe que les mathématiciens appellent *cycloïde*. C'est la ligne que trace, dans l'air, un point quelconque d'un cercle, mu le long d'un plan et autour de son centre. Ainsi, par exemple, un clou placé sur la jante d'une roue de voiture décrit une cycloïde, si la voiture marche et si la roue tourne en même tems sur son axe. Cette courbe, comme nous l'avons déjà indiqué, a des propriétés singulières, relativement au mouvement. L'une de ces propriétés est qu'un corps quelconque qui se meut dans une cycloïde, soit par sa propre pesanteur, soit se balançant par ce même poids combiné avec une autre force, ce corps, disons-nous, parcourra toutes les longueurs de cette courbe dans le même espace de tems. C'est pour cela que les pendules sont construits de manière à décrire des cycloïdes ou des courbes qui en approchent le plus, afin que leurs mouvemens s'exécutent dans le même tems, soit qu'ils décrivent un arc long ou court. Enfin, comme nous l'avons indiqué, si un corps descend d'un point à un autre, non perpendiculairement, mais dirigé par une force qui se combine avec la pesanteur, il arrivera plus tôt à son but en parcourant une cycloïde que tout autre ligne, même la ligne droite qui est cependant la plus courte entre deux points. Supposons qu'un corps ait à parcourir, par sa pesanteur combinée avec une autre force, un espace de 100 pieds, il y mettra le tems le plus court possible s'il parcourt une cycloïde. C'est, assure-t-on, la ligne que décrivent les oiseaux qui habitent les rochers élevés lorsqu'ils descendent dans les plaines; elle a du moins une très—grande ressemblance avec la cycloïde, ce qui a donné lieu à cette conjecture qui n'est pas sans fondement.

Si nous avons une certaine quantité de matière, une livre de plomb, de fer, de bois, etc., à laquelle nous voulons donner le moindre volume possible, nous devrons en faire une globe, parce que cette forme est celle qui présente le moins de surface; supposons que nous ayons à disposer une livre de bois, de fer, etc., de manière que, se mouvant dans l'air ou dans l'eau, elle y éprouve le moins de résistance possible, nous devrons l'alonger de manière qu'elle s'approche le plus de la ligne droite, avec le moins de largeur et d'épaisseur possible. Mais, si nous avons à façonner une certaine quantité de matière, de sorte qu'elle ait une longueur donnée, un pied, par exemple, et une certaine largeur, comme trois pouces à sa plus grande épaisseur, enfin que le tout éprouve le moins de résistance possible en se mouvant dans l'air ou dans l'eau, la figure qu'il faudra lui donner est celle que les mathématiciens nomment *solide de moindre résistance*, parce que, de toutes les formes qu'on puisse donner à la matière, sa longueur et son épaisseur restant la même, c'est celle qui doit éprouver le moins de résistance de la part des fluides dans lesquels la matière se mouvra. Une série de raisonnemens mathématiques très-compliqués, conduit à connaître la courbe dont la révolution, sur son axe, produit un solide de cette forme, de la même manière que la révolution d'un cercle produit une sphère. Cette courbe ressemble entièrement à celle que présente la tête d'un poisson; car la nature, qui ne fait rien au hasard, a procédé, dans ce cas, d'après le même raisonnement, pour faciliter aux poissons leurs mouvemens dans l'élément qu'ils habitent.

Supposons que, sur la tête d'un de ces poissons, naisse un petit insecte doué d'une faculté suffisante pour raisonner sur le mouvement du poisson, sans pouvoir néanmoins en connaître la forme entière, il se plaindra certainement de la grossièreté de cette forme, et s'imaginera qu'elle pourrait être plus convenablement disposée pour son but. Mais s'il parvient à connaître cette même forme, ainsi que le principe qui l'a fait l'adopter, il se convaincra sur-le-champ que non-seulement ce qui lui paraissait d'abord grossier, est au contraire très-ingénieusement disposé, mais encore que toute autre forme qu'on aurait pu choisir aurait été, de toute nécessité, une faute, et qu'on avait adopté la meilleure forme possible. Il en est de même de l'homme qui, ne pouvant connaître que quelques parties du vaste système de l'univers, y trouve des imperfections notables. Mais, s'il lui était donné d'embrasser à la fois tout l'ensemble du système, ce qui lui paraissait d'abord imparfait, serait alors indispensable à la perfection générale ; bien plus, que tout au-

tre arrangement qui aurait amélioré certaines parties, aurait rendu le tout moins
parfait. L'objection commune à cet argu-
ment est que la toute-puissance aurait pu
éviter toutes les imperfections de détail
sans nuire à la perfection de l'ensemble ;
mais ce que nous avons dit plus haut relativement à la forme des poissons, diminue ce que cette objection peut avoir de
spécieux.

Des expériences d'optique prouvent que
les rayons de la lumière, passant à travers
des corps transparens, sont détournés de
la ligne droite et dirigés sur un point où
ils produisent l'image du corps lumineux
d'où ils émanent, ou des corps opaques
qui les réfléchissent. Ainsi, si on place
une paire de lunettes entre une chandelle
et la muraille, elle produit sur cette dernière deux images de la chandelle. Si on
la place entre la fenêtre et une feuille de
papier lorsque le soleil luit, les objets ex-
térieurs, comme les arbres, les maisons,
le ciel, les nuages, les hommes, etc.,
éclairés par le soleil viendront se peindre
sur la feuille de papier. L'œil est composé
de plusieurs *lunettes* naturelles qui produisent une image des objets sur une membrane dont le fond est tapissé, et d'où la

sensation de la vision est communiquée au cerveau par un nerf qui s'y rattache. D'un autre côté les rayons colorés qui composent la lumière blanche, dont nous avons parlé plus haut, sont diversement réfractés par les corps transparens, c'est-à-dire, qu'ils ne viennent pas se peindre au même endroit parce que les uns sont plus détournés de la ligne droite que les autres, de sorte que l'image produite n'est pas distincte et offre, dans ses contours, les couleurs de l'arc-en-ciel. Cet inconvénient rendit long-tems les télescopes imparfaits, et détermina Newton à les construire avec des réflecteurs ou des miroirs, la réflexion des rayons blancs n'en produisant pas la décomposition en rayons colorés. Mais, plus tard, Euler, ensuite Klengenstiern, ayant remarqué que les images produites au fond de l'œil n'avaient pas cet inconvénient, en tirèrent la conséquence qu'il était possible de fabriquer des instrumens qui en fussent exempts. Cette gloire était réservée à Dollond, opticien anglais, qui, en combinant plusieurs espèces de verres, parvint à obtenir les images les plus nettes. L'œil est effectivement composé de plusieurs substances transparentes qui corrigent la trop grande *divergence* des rayons colorés et les réunissent en un même point, où ils se combinent de nouveau pour former la lumière naturelle.

Le point où un verre de lunette rassemble les rayons lumineux est plus ou moins éloigné de ce verre, selon qu'il est plus ou moins convexe, de sorte qu'un petit globe de verre, ou de quelque autre substance transparente, devient un microscope, instrument qui grossit beaucoup les images des objets. Cette propriété de la lumière appartient tout entière à la science des lignes et devient ainsi du domaine exclusif des mathématiques.

Maintenant, si nous considérons que les oiseaux rencontrent souvent dans leur vol des obstacles qui pourraient leur blesser les yeux, comme les branches et les feuilles des arbres, nous serons conduits à penser qu'ils doivent avoir les yeux aussi plats que possible pour éviter ces dangers ; mais aussi ils ont besoin de les avoir très-arrondis pour découvrir les insectes dont ils se nourrissent et qu'ils atteignent avec une étonnante précision. La prévoyante nature a pris soin de concilier ces deux besoins en donnant aux oiseaux la faculté de modifier subitement et à volonté la forme de leurs yeux. En conséquence, ils ont un certain nombre d'écailles dures placées sur la partie extérieure de l'œil autour de la pupille qui donne passage à la lumière. Ces écailles sont attachées à des muscles qui les font mouvoir et les resserrent contre l'œil lorsque l'oiseau a besoin d'en diminuer la courbure, soit pour éviter le danger, soit pour voir à de plus grandes distances, et les relâchent lorsqu'il veut poursuivre les insectes dont il se nourrit. Cette faculté de modifier la forme de leurs yeux se remarque à un très-haut degré dans les oiseaux de proie : ils peuvent, à volonté, distinguer les plus petits objets, ou apercevoir des corps plus grands à de vastes distances, comme un cadavre abandonné dans la plaine, ou un poisson mort à la surface de l'eau.

La nature a employé un moyen remarquable pour maintenir toujours nette la surface de l'œil des oiseaux, et la protéger encore davantage contre les accidens. C'est une troisième paupière, composée d'une membrane ou peau fine, qui se meut constamment et avec la plus grande rapidité sur le globe de l'œil au moyen de deux muscles placés derrière. L'un d'eux se termine par un trou à travers lequel passe l'autre qui est fixé à un des coins de la membrane pour la faire descendre et monter. Cette disposition est encore la conséquence d'un raisonnement mathématique que nous allons développer par un exemple. Si nous voulons tirer un objet d'une place à une autre et employer le moins de force possible, nous devrons le tirer dans la direction de la ligne qui unit les deux places. Mais, si nous avons une force dont nous puissions, sans inconvénient, perdre quelque chose pour donner plus de vitesse à l'objet que nous voulons mouvoir, nous devons le tirer obliquement en lui imprimant deux directions à la fois. Lions, par exemple, une pierre à une corde que nous tiendrons de la main droite, et qui glissera dans un anneau placé à l'extrémité d'une autre corde que nous tiendrons de la main gauche; tirons maintenant les deux cordes de chaque main, jusqu'à ce qu'elles ne fassent plus d'angle entre elles, mais qu'elles forment une ligne droite, nous verrons alors combien la pierre se meut plus rapidement que si elle était tirée directement.

Le raisonnement mathématique démontre que ce résultat est une conséquence nécessaire de l'application des forces obliques. Il y a perte de forces, mais un grand accroissement de vitesse. La vitesse étant indispensable à la troisième paupière des oiseaux, la nature a employé un moyen exactement semblable à celui que nous venons de décrire.

Les chevaux ont une troisième paupière de la même espèce, humectée par une substance mucilagineuse pour préserver leurs yeux de la poussière, et les tenir constamment nets, malgré leur étendue et leur position. La vitesse avec laquelle se meut cette paupière est encore due au même mécanisme. Des personnes ignorantes, n'ayant jamais remarqué cette paupière à cause de sa vivacité, la trouvant quelquefois enflammée par le froid et enflée de manière à ne plus se mouvoir aussi rapidement, ce qui n'existe jamais dans l'état sain, ces personnes, disons-nous, la prennent pour une imperfection, et la font enlever, tant l'ignorance produit souvent les mêmes effets que la cruauté. Ces gens-là pourraient tout aussi bien détruire la pupille de l'œil qu'ils prendraient pour une tache noire.

Si, avec une certaine quantité de matière, soit une livre de bois ou de fer, on forme une verge d'une longueur quelconque, par exemple un pied, cette verge sera d'autant plus forte qu'elle aura plus de volume; mais on peut augmenter ce volume en faisant la verge creuse, et en lui conservant toujours son poids. Donc les verges creuses, ou mieux les tubes, ont plus de force que les verges pleines qui n'auraient que la même quantité de matière et la même longueur. C'est d'après ce principe, si bien connu aujourd'hui, que les axes des roues et quelques autres parties des machines sont creusés, parce qu'ils présentent plus de solidité, avec le même poids, que s'ils étaient pleins et d'un moindre volume.

Les os des animaux sont plus ou moins creux, et sont, par conséquent, plus forts que s'ils étaient pleins; mais ceux des oiseaux sont encore plus creux que ceux des animaux qui ne sont pas destinés à voler, parce qu'alors ils unissent la force à la légèreté. Leurs plumes tirent leur force du même principe; ils possèdent, en outre, une propriété particulière qui aide singulièrement leur vol : c'est que leurs poumons communiquent avec les parties creuses de leur corps, propriété qui n'appartient qu'à eux, ce qui leur donne les moyens de s'enfler à volonté, comme nous pouvons le faire d'une vessie, et de se rendre ainsi plus légers lorsqu'ils veulent, soit descendre plus lentement sur la terre, soit s'élever plus rapidement dans les airs, ou s'y soutenir plus facilement.

Les poissons ont une propriété du même genre, quoiqu'ils n'emploient pas les mêmes moyens; ils ont dans le corps une vessie pleine d'air qu'ils peuvent dilater ou presser à volonté; ils la dilatent pour se rendre plus légers lorsqu'ils veulent monter à la surface de l'eau, et la resserrent pour s'alourdir lorsqu'ils veulent descendre. Si cette vessie vient à se crever, le poisson reste au fond de l'eau, et ne peut en atteindre la surface qu'au moyen d'un exercice violent de ses nageoires et de sa queue. Par conséquent les poissons plats, comme la limande, le carrelet, etc., qui n'ont pas de vessie, quittent rarement le fond de l'eau; mais on les trouve sur des bancs dans la mer ou sur les côtes.

Si nous avions à diviser une chambre en petits cabinets ou cellules de même forme et de mêmes dimensions, nous n'aurions à choisir qu'entre trois figures, si nous ne devions perdre aucun espace. Ce seraient ou des carrés, ou des triangles à côtés égaux, ou des hexagones (figures à six côtés égaux): en employant toute autre figure on perdrait de la place entre chaque cellule. Cette proposition paraît évidente au premier aperçu; et les mathématiques le démontreraient au besoin.

De ces trois figures, l'hexagone serait encore la préférable, parce que c'est elle qui se rapproche le plus du cercle, et que si l'on avait à placer dans ses cellules quelque chose d'une forme ronde, il y aurait moins de place de perdue dans les coins. Cette figure est encore celle qui donnerait le plus de force aux parois des cellules : une pression quelconque, soit du dehors, soit du dedans, produirait moins d'effet sur elle que sur les autres, parce que la forme hexagone se rapproche beaucoup de celle de la voûte dont on connaît la grande résistance. La forme ronde serait à la vérité plus résistante; mais il y aurait de l'espace de perdu entre les cellules.

Nous pouvons donc citer, comme un fait singulièrement remarquable, que les abeilles construisent leurs cellules exactement dans cette forme hexagone, et qu'elles épargnent ainsi à la fois plus

plus d'espace et de cire que si elles avaient adopté une autre figure. Non - seulement les murailles de leurs cellules sont construites dans la meilleure forme possible, mais encore leurs *toits* et leurs *planchers* sont construits d'après des principes également vrais.

Les mathématiques prouvent que, pour obtenir à la fois la plus grande force et économiser le plus d'espace, le toit et le plancher doivent être formés de trois plans carrés se réunissant en un point par un de leurs angles ; et qu'il y a une certaine inclinaison à donner entre eux à ces plans, qui épargne une plus grande quantité de matériaux et beaucoup plus de travail qu'aucune autre inclinaison que ce soit.

C'est encore d'après ce principe que travaillent les abeilles pour clore leurs cellules ; et ce qu'elles font ainsi par instinct, n'a pu être découvert par l'homme qu'à l'aide des plus hautes mathématiques, d'un principe que Newton lui-même ne connaissait pas, et qui n'a été trouvé que depuis lui.

Un insecte travaille avec une correction parfaite, et sur des règles que l'homme n'a pu découvrir qu'après des siècles de lentes améliorations dans la plus difficile de toutes les sciences. Mais la puissance et la sagesse du Créateur, qui a fait l'insecte et le philosophe, donnent à l'un la raison et à l'autre l'instinct, qui travaille en aveugle, mais avec sûreté et précision. A lui sont connues toutes les vérités; et sa prévoyance se rit des conceptions des hommes les plus sages.

Nous pouvons nous rappeler que, lorsqu'on a vidé l'air d'un vase quelconque, la pression de l'air extérieur agit avec force sur les parois de ce vase; cette pression peut même aller jusqu'à briser ces parois si leur forme est plate, par exemple, et leur épaisseur peu considérable; mais, si cette forme est arrondie, le vase résistera beaucoup mieux. D'un autre côté, si cette pression s'exerçait sur une substance flexible comme de la peau, elle aurait pour résultat d'en diminuer l'épaisseur, proportionnellement à cette même pression, et d'en faire sortir les liquides qu'elle pourrait contenir.

C'est aussi le moyen qu'emploient les abeilles pour recueillir la poussière et le suc des fleurs dans lesquelles elles ne peuvent pas entrer à cause de l'étroitesse de leurs calices, le chèvre-feuille, par exemple. Elles bouchent donc l'orifice de la fleur avec leur corps, et, aspirant l'air intérieur, elles y produisent le vide. L'air extérieur presse alors la fleur, rapproche ainsi à la portée de l'insecte les poussières qu'il veut recueillir et le suc que cette même pression fait sortir des parois du calice.

La pression de l'atmosphère est telle que si, en joignant les mains, nous pouvions supprimer entièrement l'air renfermé entre elles, elles adhéreraient l'une à l'autre avec une force égale au poids de deux colonnes d'eau de trente-deux pieds de haut, et dont la base aurait la forme de chaque main. La même adhérence aurait lieu entre la main et la muraille, si, en appliquant l'une sur l'autre on supprimait l'air intermédiaire.

Sir Everard Home, célèbre anatomiste anglais, a découvert que c'est à ce moyen que les mouches et d'autres insectes doivent de pouvoir se soutenir le long des murailles, aux plafonds et même sur le poli des glaces. Leurs pattes, examinées au microscope, sont composées, comme celles des canards et de quelques autres oiseaux aquatiques, d'une membrane très-flexible qui, à l'aide de deux petits orteils, est soulevée lorsque l'insecte veut s'attacher, ce qui produit le vide entre cette membrane et la muraille ou la glace. L'air extérieur presse alors la patte ainsi fixée avec une force considérable, comparativement au poids de l'insecte, et le tient suspendu avec la plus grande facilité. Cette pression serait plus que suffisante pour soutenir un homme qui aurait pu faire le vide entre sa main et la muraille; il pourrait même supporter encore un poids assez considérable. On a reconnu aussi que quelques amphibies, comme le cheval marin, ont les mêmes propriétés, mais sur une plus grande échelle, pour leur permettre de grimper sur les montagnes de glaces au milieu desquelles ils vivent.

Quelques espèces de lézards sont dans le même cas : et cette organisation de leurs pattes est facile à observer. C'est encore la pression de l'atmosphère qui fait monter le mercure dans le baromètre, et le laisse descendre lorsque cette pression, qui est très-variable, diminue; le vent qui s'introduit à travers le trou d'une serrure est dû à la même cause, ainsi que la descente du piston dans quelques machines à vapeur.

Bien que les naturalistes ne soient point d'accord sur l'action particulière de la lumière, et qu'il y ait quelque doute sur la décomposition de l'air et de l'eau pendant cette action, ce qui n'est pas douteux, c'est la nécessité de la lumière pour l'accroissement et la santé des plantes, qui, pour la plupart, ont une organisation telle qu'elles reçoivent cette lumière le plus long-tems possible. On remarque que leurs feuilles, lorsqu'elles sont encore renfermées dans le bouton, en sont sensiblement affectées, quelquefois au point de s'ouvrir pour la recevoir. Cette propriété est bien plus évidente dans quelques plantes que dans d'autres : leurs fleurs se ferment entièrement pendant la nuit et s'ouvrent pendant le jour. Quelques autres, comme les héliotropes, sont tellement avides de lumière, qu'elles présentent constamment leur tête au soleil, et en suivent la direction quotidienne.

La légèreté de l'hydrogène ou du gaz inflammable est bien connue : lorsqu'on en a rempli une vessie d'une certaine capacité, elle s'élève et flotte dans les airs : c'est un fait curieux que la poussière, au moyen de laquelle les plantes se fécondent réciproquement, est formée de petits globules remplis de ce gaz qui en fait ainsi de très-petits ballons. Ces globules se déta-

chent des fleurs mâles, et, par leur légèreté, flottent dans l'air jusqu'à ce qu'ils
rencontrent des fleurs femelles sur lesquelles ils sont retenus par une matière
glutineuse qui les y attache. Aussitôt ils
se crèvent, et le gaz, qui ne devait servir
qu'à les faire voyager, s'échappe. Une précaution bien simple de la nature prévient
la fécondation d'une plante par elle-même, parce que, dans ce cas, comme dans
la fécondation des animaux, la race s'a-
bâtardirait. La poussière fécondante de
la fleur mâle s'échappe avant que la fleur
femelle soit disposée à la recevoir, de
sorte que la fécondation ne s'opère pas
entre les fleurs de la même plante, et que
la reproduction se trouve ainsi croisée. Le
gaz léger qui remplit les globules, est le
moyen que la nature emploie pour les
transporter à de grandes distances.

L'organisation au moyen de laquelle
quelques plantes rampantes parviennent
à grimper après les murailles, mérite l'attention. La *virginie rampante* a de petits
filamens terminés en griffes, dont chaque
doigt est armé d'une houpe garnie de
très-petits poils qui s'introduisent dans
les pores du mur, et prennent un accroissement proportionnel à celui de la plante

pour s'opposer à sa chute ; mais, lorsque la plante meurt, ils diminuent de volume, s'échappent du mur et laissent tomber la branche qu'ils soutenaient. La *vanille*, plante des Indes orientales, grimpe autour des arbres au moyens de ses filamens ; mais, lorsque la plante est solidement attachée, ces filamens tombent et font place à des feuilles.

La chimie a découvert que le suc qui se trouve dans l'estomac des animaux, et qu'on nomme *suc gastrique*, possède des propriétés singulières. Quoique sans saveur et très-limpide, il peut dissoudre les substances avec lesquelles il est mis en contact ou mélangé, excepté celles qui sont douées de vie. De sorte qu'il dissout très-facilement ce que l'animal mange, sans néanmoins attaquer les viscères qui contiennent les alimens. Toutefois il est différent, suivant les substances dont l'animal se nourrit. Ainsi, dans les oiseaux de proie, comme le milan, le faucon, le hibou, qui ne vivent que de substances animales, le suc gastrique ne peut dissoudre les végétaux. Dans d'autres oiseaux, comme dans tous les animaux qui mangent de l'herbe, comme le bœuf, le mouton, le lièvre, il dissout les matières

végétales , mais n'attaque point les substances animales. On s'en est convaincu
en faisant avaler, à ces différentes espèces d'animaux, des boules remplies de
substances dont ils ne se nourrissent
pas habituellement, et percées de trous
pour faciliter l'action du suc gastrique,
qui ne produisit aucun effet.

Nous ferons observer, en outre, le merveilleux rapport qui existe entre le suc
gastrique, et les diverses parties du corps
des animaux relativement à la digestion :
ce suc convertit les alimens en un fluide
qui, à son tour, est transformé en sang,
en os, en chair, etc. Mais d'abord les alimens doivent être préparés par la masti-
cation pour subir convenablement l'action de ce suc.

Les oiseaux de proie ont des griffes et
un bec pour déchirer la chair des animaux ; mais ces griffes et ce bec sont inca-
pables de rassembler des graines et de les
broyer ; aussi leur suc gastrique n'a-t-il
d'action que sur les substances animales ;
au contraire, chez ceux qui ne peuvent
que becqueter les graines, le suc gastrique n'a d'action que sur ces mêmes graines : encore est-il nécessaire qu'elles soient
broyées. C'est dans ce but que la nature

leur a donné un gésier où les graines sont soumises à des mouvemens qui, aidés par l'action d'autres sucs, produisent ce résultat. Quant aux animaux qui se nourrissent d'herbes, ils ont des dents qui atteignent le même but.

Nous avons vu l'étonnante industrie de l'abeille dans la construction de son habitation : le même insecte peut également se montrer supérieur à l'homme dans l'application de principes qui nous sont encore inconnus. Nous pouvons à la vérité produire diverses espèces d'animaux, comme le mulet, etc., en croisant les espèces ; mais nous n'avons point les moyens de les modifier lorsque les animaux sont nés. C'est une faculté que les abeilles possèdent d'une manière incontestable. Lorsqu'elles ont perdu leur reine, soit par sa mort ou autrement, elles choisissent une *larve* parmi celles qui, plus tard, doivent devenir des abeilles travailleuses. Elles construisent trois cellules dans une seule, y placent la larve, qu'elles enveloppent d'un tube. Plus tard, elles lui bâtissent une cellule, de forme pyramidale, dans laquelle la larve prend du volume ; elles la nourrissent avec des alimens particuliers et en prennent un soin extrême. Enfin, à l'époque de la transformation de la larve, au lieu d'une abeille travailleuse, c'est une reine qui naît.

Ces singuliers insectes ressemblent à l'homme dans l'un de ses plus mauvais penchans, la disposition à la guerre; mais leur amour pour leur souveraine est également extraordinaire, quoique parfois très-capricieux. Peu d'heures après la perte de la reine, toute la ruche est dans un état de confusion; on y entend un bourdonnement remarquable, et les abeilles volent autour des rayons avec une grande rapidité : la fatale nouvelle se répand promptement, et, lorsque la reine est retrouvée, la ruche redevient immédiatement tranquille. Si on y introduit une autre reine, la supercherie est à l'instant découverte; les abeilles l'entourent et l'étouffent, ou la font mourir de faim. S'il arrive que la fausse reine soit introduite peu après la perte ou l'enlèvement de la véritable, elle est aussitôt sacrifiée; mais, si on laisse écouler vingt-quatre heures, elles l'acceptent et lui obéissent.

Les travaux et le gouvernement des *fourmis* sont peut-être encore plus étonnans. Leurs nids sont de véritables villes composées d'habitations, de rues, de pla ces, de carrefours, etc. Leur nourriture consiste principalement en miel, qu'elles dérobent à d'autres insectes de leur voisinage. Les dernières découvertes ont fait connaître qu'elles ne mangent pas de graines, mais qu'elles se nourrissent aussi de substances animales.

Quelques espèces de fourmis ont la précaution de s'emparer des insectes dont nous avons parlé, de les confiner dans des cellules particulières où elles les gardent avec soin, pour prévenir leur évasion, et les nourrissent avec les matières végétales propres à leur faire produire du miel, bien qu'elles-mêmes n'en fassent pas leur nourriture. Il y a plus, elles conservent les œufs de ces insectes, les font éclore et élèvent les petits avec le plus grand soin, jusqu'à ce qu'ils soient en état de produire du miel; quelquefois, elles les relèguent dans la partie la plus solide de leur nid, où se trouvent des cellules fortifiées, pour les préserver de tout accident, et pour fournir à la nourriture de toute la population. On a remarqué, comme une des plus singulières prévisions de la nature, que le degré de froid qui engourdit les fourmis, est justement celui qui produit le même effet sur les insectes à miel.

Cette température est bien au-dessous de celle de la glace, de sorte que les fourmis sont obligées de faire des provisions pour la plus grande partie de l'hiver; et, si les insectes étaient engourdis avant les fourmis, celles-ci se trouveraient sans aucun moyen de pourvoir à leur nourriture.

Quel que soit le peu d'importance que nous attachions aux fourmis dans nos climats, elles deviennent formidables dans quelques régions tropicales.

Un voyageur français, qui a rempli de hautes fonctions administratives, M. Malouet, a décrit une de leurs villes; et, si son récit n'était confirmé par de nombreux témoignages, autant que par la confiance que son caractère inspire, il paraîtrait de beaucoup exagéré. Il avait remarqué, à une grande distance, une espèce de construction très-étendue, et son guide lui apprit que c'était une fourmillière, dont il ne pouvait approcher sans risquer d'être dévoré. Sa hauteur était de 15 à 20 pieds, sa base de 30 à 40 pieds de côté, et elle présentait la forme d'une pyramide carrée.

Le guide ajouta que, lorsqu'on voulait détruire ces fourmillieres, on les cernait avec un fossé large et profond, qu'on remplissait de bois, auquel on mettait le feu, et qu'ensuite on tirait contre elles des coups de canon, pour les détruire, et forcer les fourmis à en sortir et à se précipiter dans le feu. Cette fourmillière était dans l'Amérique du sud : on en rencontre beaucoup de semblables en Afrique.

Les anciens auteurs d'ouvrages sur les habitudes et les mœurs des animaux, abondent en histoires merveilleuses dont on doit se défier; mais les faits que nous venons de rapporter sur les abeilles et les fourmis peuvent être considérés comme authentiques. Ils sont le résultat des observations les plus récentes et d'expériences faites avec le plus grand soin par plusieurs savans distingués, possédés de l'amour de la vérité, et dont les expériences avaient toujours de nombreux témoins.

Les habitudes du castor ne sont pas moins authentiques; mais, comme elles sont d'une observation facile, elles sont certifiées par des témoignages beaucoup plus nombreux encore. Ces animaux, qui sont destinés à vivre dans l'eau comme sur la terre, ont deux de leurs pieds garnis de membranes comme les canards, et les deux autres comme ceux des animaux terrestres. Lorsqu'ils veulent construire une habitation, ou plutôt une ville, car elle sert à toute une peuplade, ils choisissent un lieu bien uni, traversé par un ruisseau, dont ils arrêtent le cours avec une digue construite avec autant d'art que par la main des hommes. Ils plantent dans la terre des rangées de pieux de 5 à 6 pieds de haut, dans lesquels ils entrelacent des branches flexibles, dont ils remplissent les interstices avec de la terre glaise battue, et à laquelle ils donnent une grande solidité. Cette écluse est construite d'après les principes les plus rigoureux; car le côté contre lequel agit le cours de l'eau, est incliné, tandis que l'autre est perpendiculaire. La base de la digue a 10 ou 12 pieds d'épaisseur; son sommet 2 ou 3, et sa longueur va quelquefois à plus de 100. Lorsque la digue est élevée, les castors y construisent alors leurs maisons, qui sont des espèces de cellules bâties sur pilotis, et dont le toit est en voûte. Elles sont construites en pierres, en terre et en bois; leurs murailles ont 2 pieds d'épaisseur, et sont enduites aussi proprement que si on y eût employé la truelle; quelquefois elles ont plusieurs étages dans lesquels les castors se retirent lorsque les eaux s'élèvent trop haut, et ont toujours deux portes, l'une du côté de la terre, l'autre du côté de l'eau. Les provisions d'hiver sont placées dans les étages supérieurs et se composent d'écorces d'arbre, de gomme et d'écrevisses; enfin, la mousse forme leurs lits. Chaque maison renferme de 20 à 3o habitans, et la ville peut contenir de 10 à 25 maisons.

Quelques-unes de ces constructions sont beaucoup plus considérables que d'autres, mais ont rarement moins de 200 ou 3oo habitans. Pendant le travail chacun a des fonctions distinctes : les uns coupent les arbres avec leurs dents, d'autres les ébranchent, un certain nombre est occupé à les rouler au bord de l'eau, pendant que d'autres plongent pour creuser, avec leurs dents, les trous qui doivent recevoir les pieux ; en même tems les pierres sont apportées, le mortier est gâché, puis transporté sur la large queue de quelques autres, et cet instrument leur sert encore à le tasser et à polir l'enduit. Des intendans surveillent toute la besogne qu'ils dirigent par de violens coups de queue, qui servent de signaux, auxquels tous obéissent avec promptitude, soit pour se porter où un travail pressé les appelle, soit pour réparer les brèches que l'eau peut faire à la digue, ou enfin pour fuir les attaques d'un ennemi.

La parfaite concordance de la structure des différens animaux avec la nature de leurs besoins, ou du rôle que le Créateur leur a assigné, présente un sujet inépuisable de recherches curieuses et d'observations intéressantes. Par exemple, le *chameau*, qui vit au milieu des déserts sablonneux de l'Afrique, a des *sabots* (des pieds) d'une grande dimension pour soutenir sa masse sur ce sol mouvant. Son corps renferme aussi un appareil qui peut contenir de l'eau pendant plusieurs jours et qu'il boit lorsqu'il en a besoin. Cette précaution de la nature montre son extrême prévoyance puisque l'animal est destiné à traverser d'immenses étendues de terrains qui ne renferment pas d'eau pour le désaltérer. Enfin, comme si elle avait prévu que le chameau aurait d'énormes fardeaux à porter, elle a pourvu, par une organisation particulière de ses pieds, aux accidens qui pourraient résulter de cette surcharge. Elle a donc placé, entre le sabot et les os qui s'y adaptent, un coussin rempli d'une matière douce, presque fluide, mais dans laquelle se trouve une masse filamenteuse extrèmement élastique, entremêlée dans la substance pulpeuse. Ce coussin change de forme lorsqu'il est pressé ; mais, faisant aussitôt l'office d'un ressort, il soulève les os qu'il empêche ainsi d'être froissés par le poids du chameau et de sa charge, et permet à cet animal de se mouvoir avec la légèreté et le moelleux d'un chat.

Il n'est pas nécessaire que nous parcourrions les déserts pour trouver un exemple de la parfaite structure des pieds d'animaux. Ceux du cheval nous le fourniront facilement : les os des pieds ne sont pas placés directement sous le poids du corps, parce qu'alors il y aurait de la roideur dans les mouvemens dont chacun produirait un choc. Ils sont donc placés obliquement et attachés ensemble par un ligament élastique qui forme un ressort aussi parfait que celui que l'homme peut faire avec le cuir ou l'acier pour suspendre les voitures. D'un autre côté l'aplatissement du sabot qui s'étend de chaque côté du pied, et la fourchette qui descend entre les deux quartiers, ajoutent encore beaucoup à l'élasticité de toute la machine. Des maréchaux ignorans, en clouant le fer trop en arrière, produisent dans le sabot une contraction permanente et lui font perdre toute son élasticité : chaque pas devient un choc, d'où résulte bientôt une inflammation qui fait boiter le cheval.

La *renne* habite une contrée couverte de neige la plus grande partie de l'année; aussi ses pieds sont-ils conformés de manière à marcher sur cette substance légère sans enfoncer et sans se geler. La partie inférieure est, à cet effet, couverte d'un poil chaud et épais. Le pied est, en outre, très-large et ressemble, par son usage, à ces chaussures que les hommes emploient dans ces climats pour que leurs pieds occupent sur la neige un plus grand espace, afin de ne pas enfoncer. De plus, les rennes disposent leurs pieds de manière qu'ils présentent leur plus grande étendue lorsqu'ils touchent le sol; mais, comme cette dimension présenterait un inconvénient à cause de la résistance de l'air qui diminuerait ainsi la rapidité de la course, aussitôt que le pied quitte le sol, ses deux parties, qui se trouvaient écartées, se rapprochent et diminuent la surface qu'elles offrent à l'air, de la même manière que nous avons vu les oiseaux agir avec leurs ailes. La forme et la structure de leurs pieds permet aussi aux rennes de gratter la neige pour trouver une espèce particulière de mousse ou de lichen dont elles se nourrissent. Cette plante est dans son plus grand développement pendant l'hiver et fournit une abandante pâture à ces animaux malgré la rigueur du froid.

Il y a quelques insectes dont les mâles ont des ailes et dont la femelle n'est qu'un ver : parmi eux le *ver luisant* est le plus remarquable. La femelle porte une petite lumière qui la fait distinguer par le mâle pendant les ténèbres et lui permet de venir la joindre.

On trouve, dans la Méditerranée, un poisson singulier, appelé le *nautille*, à cause de son habileté dane la navigation. Le dos de sa coquille ressemble à la carène d'un navire et lui sert à voguer sur l'eau. Deux de ses pattes sont levées en l'air et déploient une membrane fort mince qui lui sert de voile, tandis que, de ses deux autres pattes, il rame avec la plus grande facilité.

L'autruche, dont l'organisation ne lui permet pas de couver, abandonne ses œufs dans le sable où ils éclosent ; le sable échauffé par le soleil devient un four naturel, très-propre à l'incubation.

Le *coucou* est connu pour ne pas bâtir

de nid, et pour déposer ses œufs dans le nid d'autres oiseaux; mais les dernières observations ont prouvé qu'il ne les dépose pas indistinctement dans toute espèce de nid, et qu'il choisit, au contraire, ceux qui appartiennent à des oiseaux du même genre que lui, et qui, par conséquent, se nourrissent avec les mêmes substances. Les canards et d'autres oiseaux qui cherchent leurs alimens dans les eaux bourbeuses, ont leur bec organisé d'une manière particulière. Il leur sert d'abord d'écumoire pour séparer le liquide des parties solides; il est, en outre, garni d'un plus grand nombre de nerfs que celui des oiseaux qui trouvent leur nourriture exposée à la lumière; de sorte que la sensibilité de ce bec leur permet de découvrir leurs alimens dans le fond des eaux bourbeuses. Le bec de la bécasse est également garni d'un réseau de nerfs qui a le même but; mais le *toucan*, qui fait sa nourriture des œufs qu'il recherche dans les trous obscurs des rochers, a son bec garni d'un grand nombre de nerfs semblables, au moyen desquels il découvre facilement sa proie. Presque tous les oiseaux bâtissent leurs nids avec des matériaux qu'ils trouvent sur le lieu même;

mais *l'hirondelle de Java*, qui habite dans des rochers stériles sur le bord de la mer, n'a aucun moyen de s'en procurer ; aussi son corps secrète-t-il une substance glaireuse avec laquelle elle construit son nid, qu'on regarde comme un aliment très-délicat dans l'Orient.

Quelques plantes ont aussi une organisation singulièrement remarquable. L'une d'elles est appelée *muscipula*, ou *attrape-mouche* ; ses feuilles, qui forment une espèce de gouttière, sont remplies d'une matière sirupeuse et sucrée, qui attire les mouches. Elles ont, en outre, des épines de chaque côté et sont douées d'une grande sensibilité au toucher ; de sorte que, lorsqu'une mouche vient s'abreuver de la liqueur, la feuille se resserre, comme si un ressort faisait partir la détente d'un piége, et la mouche se trouve percée par les épines ou écrasée par les deux côtés de la feuille ; la putréfaction de son cadavre sert d'aliment à cette plante.

Dans les Indes orientales et dans d'autres contrées tropicales où il ne pleut qu'à de longs intervalles, une espèce de plante, appelée le *pin sauvage*, croît sur les branches et après l'écorce des arbres. Ses feuilles sont creuses et forment de petits réservoirs dans lesquels s'amasse l'eau de pluie, au moyen de canaux dont l'ouverture se ferme lorsque le vase est plein pour s'opposer à l'évaporation. La semence de cette plante a de longs fils qui, lorsqu'elle est entraînée par le vent, l'attachent aux arbres sur lesquels elle prend racine. Une chose remarquable c'est que, lorsqu'elle est alors suspendue, au lieu d'être placée sur une branche, ses feuilles n'en poussent pas moins en haut, parce qu'autrement elle ne pourrait pas retenir l'eau qui, ainsi recueillie, sert à la fois d'aliment à ces arbres et aux animaux.

Le *bejugo* est une autre plante de l'Orient, qui croît près des arbres et s'enroule autour d'eux ; mais son extrémité reste pendante, et est tellement remplie d'un liquide agréable et frais, qu'en la coupant il s'écoule avec abondance. Non-seulement ce liquide est très-utile à la nourriture des arbres auxquels la plante s'attache, mais il procure une boisson très-rafraîchissante aux animaux et aux voyageurs fatigués.

§ V.

AVANTAGES ET PLAISIRS QUE PROCURE LA SCIENCE.

Après l'exposé que nous venons de faire de la nature et du but des sciences naturelles, il nous resterait une autre carrière à parcourir : la description d'une autre grande branche des connaissances humaines qui traitent des propriétés et des habitudes de *l'esprit* ou des *facultés intellectuelles* de l'homme ; c'est-à-dire, la puissance de son *intelligence* au moyen de laquelle l'homme conçoit, imagine, se souvient et raisonne ; ses *facultés morales,* c'est-à-dire les penchans ou les passions qui exercent leur influence sur lui ; et enfin, comme conséquences de ces diverses facultés, ses devoirs envers lui-même comme individu, et envers les autres comme membre de la société ; cette dernière branche renferme la *politique,* ou la science du gouvernement, de l'administration et de la législation ; mais nous nous abstiendrons, en ce moment, de traiter ce sujet, pour développer, d'une manière moins restreinte, les avantages et les plaisirs des études scientifiques.

L'homme est formé de deux parties bien distinctes, quoique intimement liées entre elles : le corps et l'esprit. Quelle est la nature de cette union ? Dans quelle partie du corps l'âme a-t-elle été placée? c'est ce qui, jusqu'ici, a échappé à toutes les investigations de l'homme, et ce qui, très-probablement, restera toujours caché pour lui. Mais ce que nous savons, ce qui est pour nous une vérité démontrée, c'est qu'il existe en nous une intelligence dont l'existence n'est pas moins certaine que celle de notre corps. L'un et l'autre ont leurs propriétés particulières. La Providence a donné des sens à notre corps et lui a fourni des moyens nombreux de les satisfaire. Aussi long-tems que nous goûterons ces plaisirs, sans dépasser les bornes de la prudence et de nos devoirs, c'est-à-dire avec modération, pour notre propre conservation, et sans nuire à nos semblables, nous concourrons convenablement au but de notre existence. Mais la Providence nous a aussi doués de facultés supérieures à celles des sens, de l'intelligence qui nous procure des jouissances d'une nature plus relevée que celle d'aucun des plaisirs corporels ; c'est en recherchant ces jouissances que nous remplirons bien mieux encore le but de l'auteur de la nature, soit pour notre bonheur présent, soit pour la vie future. Ces choses ont été mille fois répétées; mais elles n'en sont pas moins vraies, ou moins dignes d'une profonde attention. Essayons d'en indiquer l'application pratique pour toutes les classes de la société, en commençant par les plus intéressantes, parce qu'elles en forment la masse, c'est-à-dire, les classes ouvrières, quel que soit le genre des professions, dans les arts, le commerce, les manufactures ou l'agriculture.

L'objet principal, pour un homme dont l'existence dépend de son travail, est de pourvoir à ses besoins journaliers. C'est là sa plus importante affaire, celle qui exige sa plus grande attention et qui tient à l'accomplissement de ses principaux devoirs envers lui-même, envers sa famille et envers son pays. Et, bien qu'en agissant ainsi il soit seulement influencé par son propre intérêt, ou par la nécessité, il n'en est pas moins le bienfaiteur actif de la société à laquelle il appartient. Tous ses efforts doivent tendre d'abord à ce but, et il ne doit même s'occuper d'autre chose, jusqu'à ce qu'il l'ait atteint. Les heures qu'il donne à son instruction ne doivent

venir qu'après celles consacrées au travail.
Son indépendance, sans laquelle il serait
indigne du titre d'homme, exige qu'il s'as-
sure une existence convenable pour lui-
même, et pour ceux qui l'attendent de
lui, avant qu'il ait acquis le droit d'accor-
der quelques jouissances à ses sens ou à
son esprit; et, plus il étudiera, plus il fera
de progrès dans les sciences; plus il esti-
mera cette indépendance, plus il mettra
de prix à l'industrie, aux habitudes d'un
travail régulier, auquel il devra toutes ses
jouissances.

A la vérité, les progrès qu'il parviendra
à faire dans les sciences, pourront l'aider
dans ses travaux ordinaires, et par conséquent améliorer son sort : car on trouve-
rait difficilement un genre de commerce
ou de travail auquel on ne pût appliquer
les connaissances qu'on aurait acquises
dans une science ou dans une autre.

La nécesité des sciences pour les arts
libéraux est de soi-même évidente. Ce qui
l'est un peu moins, c'est leur application
à quelques professions inférieures. Cependant il y en a peu, ou point, auxquelles
les sciences ne peuvent être utiles. A combien d'autres la chimie n'est-elle pas presque indispensable ? Chacun peut voir d'un

coup-d'œil que les mécaniciens, les horlogers, les blanchisseurs, les teinturiers, peuvent en tirer le plus grand parti. Mais les maçons et les charpentiers auront plus d'habileté dans leurs professions, s'ils apprennent, au moyen des mathématiques, à mesurer les surfaces et les solides, et à apprécier la force et la résistance des diverses espèces de bois, celle des murailles et des voûtes, au moyen de la mécanique. Ceux qui travaillent les métaux ne tireront pas moins d'avantages de la connaissance de la nature de ces matières, de leurs rapport entre elles, et des modifications que leur fait subir la chaleur, ou les gaz et les liquides avec lesquels elles peuvent se trouver en contact. Bien plus, le laboureur ou le journalier, soit qu'il travaille pour un maître, soit qu'il fasse valoir sa petite propriété, en pourra faire également son profit, parce qu'il en deviendra plus intelligent dans ses travaux, plus économe, meilleur agriculteur enfin, s'il a quelques connaissances positives et raisonnées de la nature du sol et des engrais, que la chimie lui aura enseignées, des habitudes des animaux, des propriétés et de la culture des plantes qu'il aura acquises par l'histoire naturelle et la chimie. Nous pouvons même ajouter que le petit rentier qui n'exerce aucune profession, mais qui a son pot au feu à conduire, apprendra, dans l'étude des sciences, à mieux faire cuire son morceau de bœuf, à économiser son bois, et à varier ses mets en les améliorant. L'art de la cuisine économique est intimement lié aux principes de la chimie; il lui doit de nombreuses améliorations, et lui en devra peut-être encore davantage. Il n'est pas juste de dire que les savans peuvent faire les découvertes et inventer des méthodes pratiques qu'il suffit aux ouvriers d'apprendre par routine sans connaître les principes; ils ne travailleront jamais aussi bien s'ils les ignorent. En effet, s'ils ne connaissent que la routine, ils ne pourront entreprendre aucun travail qui s'en écartera un peu. S'ils possèdent, au contraire, une méthode telle générale qu'elle soit, ils pourront l'appliquer à toutes les variétés de cas qui viendront se présenter; mais si l'ouvrier ne connaît que la règle sans savoir sur quel principe elle est fondée, il pourra se tromper grossièrement au moment où il aura besoin d'en faire une application nouvelle. Tel est le premier avantage qu'on peut retirer de la connaissance des prin-

cipes scientifiques. Elle rend l'homme
plus adroit, plus habile , plus sûr des
moyens de gagner sa vie, et lui procure
des jouissances dont l'ignorant ne peut
même se faire l'idée.

L'ouvrier trouvera encore un autre
avantage dans cette instruction. Ce sera
pour lui une chance de devenir lui-même
inventeur dans le métier qu'il professe, ou
même de découvrir quelque chose de nouveau dans les sciences qui s'y rattachent.
Comme il manie journellement des outils
ou des matériaux qui peuvent donner lieu
à de nouvelles expériences , il peut, à chaque instant , observer les opérations de la
nature, soit dans le mouvement ou la pression des corps , soit dans leurs actions chi-
miques les uns sur les autres. Il pourra
laisser échapper toute occasion favorable
de faire une expérience importante , s'il ne
connaît pas les principes qui doivent lui
servir de guide dans l'observation des phénomènes ; mais, avec cette connaissance ,
il sera plus à même qu'aucun autre de découvrir une vérité nouvelle dans les sciences , ou d'imaginer une application qui
n'aurait point encore été faite dans les
arts. Il y a beaucoup moins qu'on ne le
suppose de grandes découvertes dues au

hasard ou faites par des hommes ignorans.

On rapporte généralement, relativement à la machine à vapeur, qu'un enfant paresseux étant employé à ouvrir et à fermer une soupape, imagina de s'éviter cette peine en fixant une cheville dans la machine, à un endroit convenable pour opérer ce résultat, au moment précis, par suite du mouvement même de la machine. Cela est possible, sans doute; mais rien n'est moins certain que la réalité de cette anecdote. Une découverte de quelque importance est rarement aussi facile à faire, et on citerait peu d'exemples d'un hasard pareil. On ne doit généralement les découvertes qu'à des personnes instruites et qui mettent une grande persévérance dans leurs recherches.

Les améliorations faites par Watt à la machine à vapeur, sont le résultat de longues méditations, d'expériences réitérées et d'une connaissance approfondie des principes des mathématiques, de la mécanique et de la chimie. Arkwright consacra plusieurs années (on dit cinq au moins) à l'invention de sa machine à filer, et avait les plus grandes dispositions pour la mécanique; et, bien qu'il n'eût reçu aucune instruction scientifique, il connaissait parfaitement les effets que devait produire chaque partie de sa machine, parce qu'il les avait minutieusement étudiés et expérimentés ; et tout porte à croire que , s'il eût possédé des connaissances plus générales , il aurait pu, par son génie, obtenir des résultats encore plus étonnans. L'une des plus importantes inventions de notre époque , la *lampe de sûreté* , est due à la sagacité et aux expériences long-tems répétées du célèbre chimiste , sir Humphrey Davy. Le nouveau procédé pour raffiner le sucre avec une économie qu'on était loin d'espérer jamais, est également dû à l'un des plus profonds chimistes de notre époque, Edward Howard , frère du duc de Norfolk : c'est le fruit d'une longue suite d'expériences dans lesquelles il fut toujours guidé par les principes déjà connus de la science, et par quelques autres dont il avait fait la découverte.

Ainsi, quelle que soit la part que le hasard puisse avoir aux découvertes , il servira toujours mieux ceux qui, par leur aptitude et leur constance à observer, seront toujours à même de profiter de l'occasion, parce qu'ils auront plus de chances en leur faveur que les ignorans, et qu'ils n'en négligeront aucune. Ils sont constamment à portée de juger des besoins des arts et de modifier ce que les anciennes méthodes peuvent avoir de défectueux. En un mot, pour nous servir d'une expression usuelle, ils sont sur la bonne route, et s'ils possèdent les connaissances nécessaires, ils sont à même de profiter des avantages qu'ils pourront rencontrer, et se rendre ainsi utiles à eux-mêmes et à leurs concitoyens.

Outre les deux avantages capitaux que nous venons de signaler dans l'étude des sciences, il en existe un troisième qui n'est pas à dédaigner. Nous voulons parler des plaisirs que procure l'étude en elle-même et sans application à nos intérêts ou à nos jouissances physiques. Ce plaisir peut être goûté dans toutes les situations de la vie; mais spécialement par ceux à qui la fortune permet de disposer à volonté de leur tems. Tout homme est, de sa nature, doué de la faculté d'acquérir des connaissances; c'est encore une des propriétés de son esprit de se complaire dans cette étude. C'est sa propre faute, ou celle de son éducation, s'il n'y trouve pas du plaisir. En effet, c'est une véritable satisfaction que de connaître quelque chose que les autres ignorent, d'être mieux informé qu'eux; mais cette satisfaction est encore indépendante de celle que la science procure par elle-même, de celle que nous éprouvons à satisfaire cette insatiable curiosité que la Providence a mise en nous, pour nous porter à connaître les secrets moteurs de cet univers où nous sommes jetés, et de la nature qui nous environne. Peu de mots nous suffiront pour le prouver.

Considérons d'abord combien la plupart des lectures, même celles des personnes qui n'ont aucune connaissance des sciences, ont peu de rapport avec l'intérêt particulier de ceux les font. Chacun prend du plaisir à lire une histoire; un roman plaît aux uns, et des contes de fée font les délices des autres; et cependant personne ne prétendra que cette lecture puisse apporter le moindre avantage. L'imagination seule est satisfaite, et nous préférons passer un tems assez considérable, et dépenser même quelque argent, pour nous procurer ce délassement après le travail, plutôt que de rester à rien faire, ou de nous livrer à quelque récréation purement physique; ainsi, nous lisons un journal, sans prétendre tirer quelque avantage particulier de cette lecture; mais elle nous amuse en nous apprenant les nouvelles du jour. Sans doute, il est de notre intérêt de connaître ce qui peut avoir quelque rapport avec le bien-être du pays ; mais nous y lisons aussi des choses qui ne touchent en rien à l'intérêt public, et nous trouvons du plaisir à les lire. Les accidens, les aventures, les anecdotes, les crimes, et cette foule de nouvelles que renferment les feuilles publiques, nous amusent indépendamment de tout rapport avec les événemens auxquels nous sommes intéressés comme citoyens, ou comme membres d'un corps particulier. Il est de peu d'importance de rechercher ici comment ces choses excitent notre attention, et pourquoi nous prenons plaisir à les lire : le fait est certain, et il prouve clairement qu'il y a une jouissance réelle à connaître ce qu'on ignorait, et que cette jouissance est d'autant plus grande que les choses que nous apprenons sont susceptibles d'exciter la surprise, l'étonnement ou l'admiration. Beaucoup de personnes préfèrent, aux faits réels, les histoires de revenans, bien qu'elles en connaissent la fausseté et même l'absurdité, et cependant elles éprouvent de vraies jouissances dans les émotions d'horreur que leur fait éprouver une croyance momentanée, mais involontaire, à ces contes invraisemblables. De telles lectures sont dégradantes, font perdre un tems précieux, corrompent le cœur et faussent le jugement. Cependant les histoires véritables de crimes, de meurtres, de malheurs, etc., ne sont pas beaucoup plus instructives. Il vaut mieux les lire que de rester à bailler les bras croisés ou de passer son tems à boire ou à jouer ; car l'ivrognerie et le jeu sont de véritables crimes qui conduisent inévitablement à tous les autres. Mais c'est assez nous occuper de ces lectures oiseuses et sans utilité. S'il y a un véritable plaisir à satisfaire sa curiosité, à apprendre ce qu'on ignore, quelle doit être la satisfaction que nous procure l'étude des sciences naturelles ! Rappelons-nous quelques-unes de ces grandes découvertes qu'on doit à la mécanique ; combien sont étonnantes les lois qui règlent les mouvemens des fluides ! Y a-t-il dans aucun de ces vains ouvrages remplis de contes et d'horreurs, quelque chose de plus étonnant que les faits que nous avons rapportés sur la pression de l'eau ; que celui surtout de la production d'une force irrésistible, au moyen de quelques livres d'eau placées dans certaines conditions ? Quoi de plus remarquable que le poids d'une once faisant équilibre à un poids de mille livres, au moyen de de quelques tringles de fer ! Quelles vérités singulières ne découvrons-nous pas dans l'optique ! Quoi de plus surprenant qu'un rayon de lumière blanche que nous pensions plutôt n'être d'aucune couleur, soit en réalité composé de toutes celles connues. Les miracles de la chimie ne sont pas inférieurs à ceux-là. Qui aurait pu croire que le diamant et le charbon ne sont qu'une seule et même chose ; que l'eau renferme, pour la majeure partie de sa masse, l'une des substances des plus inflammables ; que les acides qui, pour la plupart, peuvent dissoudre les corps les plus durs, sont cependant formés par la combinaison, avec d'autres corps de la partie vitale de l'air que nous respirons ; que le sel est d'une nature métallique, que le métal qui le compose est liquide comme le mercure, plus léger que l'eau, et s'enflamme au seul contact de l'air ? Ces choses, assurément, sont susceptibles d'exciter l'étonnement de tout esprit qui réfléchit, et de ceux mêmes qui n'y sont pas accoutumés Et cependant combien sont-elles frivoles, comparées aux merveilles que nous découvre l'astronomie; à ces masses énormes qu'offrent les corps célestes, à leurs immenses distances entre eux, à leur quantité innombrable, et à leurs mouvemens dont la rapidité dépasse les bornes de notre imagination!

Outre le plaisir de contempler des vérités nouvelles, l'étude des sciences procure encore une satisfaction d'un genre plus élevé: celle de pouvoir comparer les rapports intimes de choses qui, au premier aperçu, sembleraient entièrement opposées. Les mathématiques ont principalement cet avantage. Il est curieux de savoir que les trois angles d'un triangle, quelle que soit sa dimension, et quelle que soit l'inclinaison réciproque de ses côtés, sont toujours, et de toute nécessité, du même nombre de *degrés* lorsqu'ils sont pris ensemble; qu'une figure régulière, de quelque genre que ce soit, placée sur le grand côté d'un triangle *rectangle* (c'est-à-dire qui a un angle droit) est égale à deux figures du même genre placées sur les deux autres côtés, quelle que soit l'étendue de ce triangle ; que les propriétés d'une courbe ovale sont très-semblables à celles d'autres courbes qui paraissent bien différentes, et qui consisteraient en deux lignes courbes, d'une longueur infinie et dont les courbures se tourneraient le dos. Le but principal des sciences est la découverte de ces rapports, et la philosophie expérimentale ne se propose point d'autres recherches qui ont pour résultat de nous mettre à même de prononcer sur les rapports si divers, et cependant si bien calculés, des corps les uns avec les autres. Mais n'oublions pas que nous n'avons à parler que des plaisirs que nous procurent les sciences. C'est sans doute une satisfaction de savoir que la cause, qu'on lui donne le nom qu'on voudra, qui produit la sensation de la chaleur, est la même que celle qui détermine la fluidité des corps et augmente leur volume dans toutes les directions ; que l'électricité ou la lumière qu'on produit sur un chat en le frottant à contre-poil dans l'obscurité pendant l'hiver, est la même chose que les éclairs pendant les orages ; que les plantes respirent comme nous, mais que leur respiration est différente de jour de celle de la nuit ; que cette espèce d'air qui brûle dans une partie des passages et des boutiques de Paris pour les éclairer, est la même qui fait monter un ballon

dans les airs, qui remplit la poussière fécondante des plantes, la porte à de grandes distances et en perpétue l'espèce ;
qu'en un mot, elle est la cause immédiate
de la végétation.

Au premier aperçu, rien ne paraît moins
semblable, ou produit par une cause pareille, que la combustion et la respiration,
que la combustion et la rouille des métaux, que la rouille et un acide, que l'influence d'une plante sur l'air dans lequel
elle végète pendant la nuit, et celle de la
respiration d'un animal sur ce même air
en tout tems ; enfin, que celle de toute
espèce de corps brûlant dans ce même air ;
et cependant tous ces phénomènes ne sont
qu'une seule et même opération de la nature. C'est un fait incontestable, que la
même substance qui fait brûler le feu,
rouille les métaux, forme les acides, est
respirée par les animaux et par les plantes,
et que ces opérations, si différentes aux
yeux de l'ignorance, sont la même chose
pour l'esprit éclairé au flambeau de la
science. N'est-ce pas une grande satisfaction de savoir que le produit de la combustion, de la respiration et de la végétation, est un air particulier qui étouffe les
ouvriers dans les mines, qui s'exhale dans

la grotte du Chien, près de Naples, qui tue quelquefois les ouvriers négligens dans la fabrication de la bierre ou pendant la fermentation du vin, et qui produit la saveur si agréable du vin de Champagne, ou celle des eaux de Seltz, etc., etc. ? Y a-t-il rien qui paraisse plus dissemblable que le travail d'une vaste machine à vapeur et la marche d'une mouche sur un carreau de fenêtre ? Cependant nous avons vu que ces deux opérations ont le même principe, la pression de l'air, et que le cheval marin n'a pas d'autre moyen pour grimper sur les montagnes de glace. Rien est-il plus étonnant ? Y a-t-il, dans tous les contes de fées imaginables, quelque chose de mieux calculé pour exciter l'attention, occuper et plaire, que cette ressemblance extraordinaire entre des choses si différentes aux yeux des observateurs ordinaires ? Peut-on concevoir une plus agréable occupation que celle de voir à découvert, et sans obstacles, les admirables procédés de la nature dans ses travaux ? N'est-il pas intéressant au plus haut degré de savoir que la puissance qui conserve à la terre sa forme ronde, qui la retient dans sa course autour du soleil, s'étend sur tous les autres mondes qui composent l'univers, et assigne à chacun d'eux sa place et son mouvement ; que la même puissance retient la lune dans la courbe qu'elle décrit autour de la terre, et celle-ci autour du soleil, ainsi que chaque planète ; que c'est encore à elle que sont dues les marées, et qu'enfin une pierre qui tombe à terre n'y tombe qu'en vertu de la même loi ? L'étude et la méditation de pareils phénomènes élève l'esprit et procure des jouissances infinies.

Mais, si la seule connaissance des principes enseignés par les sciences est une source de plaisirs, ce n'en est pas une moins grande que de se sentir capable de suivre la route qui a conduit à la découverte de la vérité ; car, on ne peut prétendre la connaître, si l'on ne peut prouver rigoureusement son existence. Si l'on n'a pas acquis ces connaissances indispensables, on ne peut espérer de s'en souvenir long-tems ou de les comprendre parfaitement, et ce motif suffirait pour engager à bien connaître les bases sur lesquelles elles reposent. Mais c'est encore dans cette étude que l'on trouve un plaisir supérieur à tous les autres, puisqu'elle donne la certitude des vérités que l'on explore. Suivre la démonstration d'une grande vérité mathématique, voir clairement la nécessité qu'un pas succède à un autre, et que la succession de ces pas conduit à la solution du problême, observer avec quelle certitude le raisonnement mène, d'une chose évidente de soi-même, et par l'addition successive de choses également évidentes, à une conclusion, non-seulement tout-à-fait imprévue, mais si vaste, et quelquefois si étrange, qu'on se persuaderait difficilement qu'elle fut vraie, si d'ailleurs on n'était convaincu de la certitude des raisonnemens partiels qui amènent cette conclusion; certes une pareille opération de l'esprit doit procurer à ceux qui l'exécutent des jouissances bien grandes. La méditation des vérités expérimentales, et l'examen des raisonnemens fondés sur les faits, que l'expérience et l'observation constatent, est aussi une source de plaisirs non moins abondante; c'est encore le seul moyen de les bien fixer dans la mémoire. Ceux qui ont trouvé que l'étude de quelques parties des sciences est aride et ennuyeuse dans les premiers tems, l'ont trouvée de plus en plus intéressante à mesure qu'ils avançaient : chaque difficulté surmontée donne plus de goût pour l'étude, et nous fait croire, pour ainsi dire, que, par notre travail, nous nous sommes acquis un droit de propriété sur la matière que nous étudions.

Qu'un homme passe une soirée dans l'indifférence et l'apathie, ou même à lire quelque conte absurde : comparons l'état de son esprit lorsqu'il se couche, ou qu'il se lève le lendemain, avec ce même état lorsqu'il a consacré quelques heures à la méditation d'un grand principe, ou à l'étude de vérités qu'il ignorait, examinant avec soin les bases sur lesquelles elles reposent, de manière non-seulement à les connaître, mais à se rendre un compte rigoureux des motifs qu'il a d'y croire, et à pouvoir les prouver aux autres ; certes, cette comparaison nous découvrira une différence immense entre le souvenir que laissera le tems perdu sans profit et le tems consacré au perfectionnement de ses facultés. Dans le premier cas, cet homme se trouvera ennuyé et mécontent ; dans le second, satisfait et heureux ; si son oisiveté ne paraît pas d'abord l'humilier à ses propres yeux, du moins il n'aura rien fait pour relever sa propre dignité ; mais, au contraire, s'il a su se faire un délassement de l'étude, il éprouvera une satisfaction intérieure, une sorte de fierté d'avoir, par ses propres efforts, augmenté ses facultés intellectuelles, et de s'être placé au rang des hommes utiles à la société.

L'étude des sciences a toujours été considérée comme l'une des plus nobles et des plus agréables occupations de l'homme; et le nom de *philosophes* (*amis de la sagesse*) est devenu le partage de ceux qui se livrent à ces recherches. Mais il n'est nullement nécessaire, pour obtenir ce beau titre, de ne s'occuper qu'à étudier des vérités connues ou à en découvrir de nouvelles. La plupart des grands philosophes de tous les siècles ont eu, comme presque tous les hommes, à lutter contre les besoins de la vie; aussi une laborieuse activité dans la profession qu'on exerce, est-elle le devoir le plus important à remplir, et constitue-t-elle la véritable sagesse pratique. Ces occupations ne doivent donc pas nous empêcher de consacrer à l'étude le reste de notre tems, outre celui employé à nos repas et au sommeil; car celui qui, dans quelque situation que ce soit, remplit sa tâche journalière de travail, et consacre ses soirées au perfectionnement de son intelligence, aussi bien que celui qui, placé au-dessus de cette nécessité, préfère les nobles jouissances de l'esprit aux grossiers plaisirs des sens, mérite justement le titre de vrai philosophe.

L'une des plus grandes satisfactions que la science puisse nous procurer, est la connaissance de la puissance extraordinaire dont l'esprit humain est doué. Aucun homme, jusqu'à ce qu'il ait étudié les sciences, ne peut se faire une juste idée des grandes choses qu'il a été donné de faire à l'intelligence humaine, de l'extrême disproportion qui existe entre les forces physiques et la puissance de l'esprit, et des travaux étonnans que leur union a permi d'exécuter. Lorsque nous méditons sur les merveilleuses vérités de l'astronomie, nous nous trouvons d'abord comme perdus dans la comparaison que nous offre le sentiment d'un espace immense et de l'exiguité de notre globe et de ses habitans; mais bientôt notre faiblesse se relève en considérant qu'une créature aussi insignifiante a été capable d'acquérir l'intelligence du système sans bornes de l'univers, de traverser, pour ainsi dire, l'espace, de se familiariser avec les lois de la nature à des distances si énormes qu'elles épouvantent l'imagination; de pouvoir dire, avec la plus rigoureuse précision, que le soleil a 329,630 fois autant de matière que notre terre, Jupiter 308 fois $9/_{10}$, Saturne 93 fois $1/_2$; ce qu'une livre d'une matière quelconque peut peser dans chaque planète; enfin, ce qui est mille fois plus étonnant, d'avoir pu découvrir les lois au moyen desquelles tout ce vaste système est coordonné et maintenu, à travers des siècles sans nombre, dans une sécurité et un ordre parfaits. Certes, c'est une assez belle récompense de nos travaux que d'être admis dans la pensée intime de ces génies prodigieux qui ont ainsi agrandi la sphère de l'intelligence humaine, de ces esprits sublimes qu'un consentement unanime a mis au rang des bienfaiteurs de l'humanité, et dont les noms, comme ceux de *Newton*, de *Lavoisier* et de *Laplace*, sont devenus immortels.

Il nous reste à parler de la plus exquise des jouissances que nous procure la science. Par elle nous parvenons à l'intelligence de la sagesse et de la bonté que le Créateur a déployées dans tous ses ouvrages. Nous ne pouvons faire un seul pas sans remarquer les traces d'une prévoyance infinie, et avec quelle habileté tout est calculé pour le bonheur de l'homme; de sorte que, s'il nous était donné de connaître toute l'étendue des desseins de la

Providence, chaque partie du système nous paraîtrait concourir à l'harmonie d'un plan de bienveillance sans bornes. Outre cette consolante réflexion, nous avons encore l'ineffable plaisir de suivre, dans ses ouvrages merveilleux, le grand architecte de la nature, et de constater le pouvoir immense et l'habileté incomparable qu'il a déployés dans ses plus petits ouvrages comme dans les globes immenses qui roulent sur nos têtes. Les plaisirs qu'on tire de cette étude sont inépuisables, et tellement variés qu'ils ne lassent jamais. Bien différens des grossiers plaisirs des sens, qui détruisent la santé, abaissent l'intelligence et corrompent le cœur, ils élèvent et purifient notre nature, et nous font regarder les vains et puérils hochets de l'orgueil humain comme bien inférieurs aux jouissances de l'âme et à la pratique de la vertu qui n'est autre chose que le strict accomplissement de nos devoirs dans toutes les positions de la société. Ils donnent, aux délassemens de l'homme, une dignité et une importance que les hommes frivoles et rampans ne comprendront jamais.

Concluons en disant que les plaisirs des sciences sont susceptibles d'être partagés sans perdre de leur prix; qu'ils tendent non-seulement à rendre notre vie plus agréable, mais encore meilleure, et qu'un homme raisonnable est porté, par tous les motifs possibles d'intérêt et de devoir, à tourner son esprit vers des occupations qui seront pour lui les véritables moyens de pratiquer la vertu et de trouver le bonheur.

FIN.

TABLE.

FIN DE LA TABLE.

www.ingramcontent.com/pod-product-compliance
Ingram Content Group UK Ltd.
Pitfield, Milton Keynes, MK11 3LW, UK
UKHW031847170726
13836UKWH00004B/1943